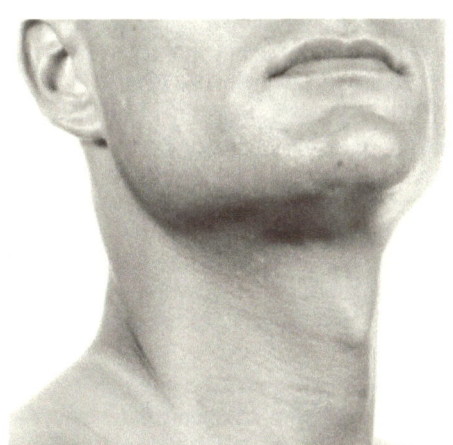

LARENJEKTOMİ

REHBERİ

Yazan:
Dr. Itzhak Brook

Türkçe Editörleri:
Dr. İrfan YORULMAZ
Dr. Hazan BAŞAK
Dr. Çiler TEZCANER
Dr. Süha BETON

Ankara Üniversitesi Tıp Fakültesi
Kulak Burun Boğaz Baş ve Boyun Cerrahisi Anabilim Dalı

ÖNSÖZ

Ben 2008 yılında larenjektomi ameliyatı geçirmiş olan bir hekimim. 2006 yılında larenks kanseri teşhisi koyuldu ve önce radyaterapi uygulandı. İki yıl sonra hastalığın tekrarlaması üzerine doktorlarım kanseri yok etmek için en iyi seçeneğin larenjektomi olduğunu söylediler. Bu yazıyı yazdığım şu anda operasyonun üzerinden 5 yıl geçti ve kanser tekrarlamadı.

Bir larenjektomili olduktan sonra öz bakımlarını yapmaları konusunda yeni larenjektomililerin ne kadar önemli sorunları olduğunu anladım. Bu sorunları aşmak için kişinin kendi havayolu ile ilgili bakımı yapabilmesi, radyoterapinin ve diğer tedavilerin hayat boyu devam eden yan etkileri ile başa çıkması, cerrahi tedavilerin sonuçları ile yaşaması, gelecek konusundaki belirsizliklerle yüzleşmesi ve psikolojik, sosyal, tıbbi ve diş sağlığı ile ilgili konularla uğraşması gerekiyor. Bu sırada baş boyun kanserinden kurtulan birisi olarak hayatın güçlüklerini de öğrendim. Bu kanser ve tedavileri en temel insani fonksiyonlar olan iletişimi, beslenmeyi ve sosyal ilişkileri etkiliyor.

Bir larenjektomili olarak hayatla başa çıkmaya çabalarken bir çok sorunun çözümünde tıp ve bilimin yanı sıra, deneme ve yanılmaların da önemli bir yeri olduğunu öğrendim. Ayrıca birinde yararı olan bir yöntemin başka bir kişide işe yaramayabildiğini de öğrendim. Her insanın tıbbi geçmişi, vücut yapısı ve kişilik özellikleri farklı olduğu için çözümler de farklı. Ancak, bir çok larenjektomiliye yararı olacak olan ortak prensipler var. Kendi bakımımı yapmayı öğrenip günlük hayatın zorluklarını aşmamda bana yardımcı olan hekimlerime, konuşma patologlarına ve diğer larenjektomili hastalara minnettarım.

Yeni larenjektomillerin kendi bakımlarını yapmayı öğrendikçe hayat kalitelerinin de arttığını farkettim. Bu sonuca ulaşınca larenjektomilelere ve diğer baş boyun kanserli hastalara yardımcı olmak için bir web sitesi yaptım (http://dribrook.blogspot.com). Bu web sitesi tıbbi, dişlerle ilgili ve psikolojik konuları işlemekte olup bazı yararlı video bağlantıları da içermektedir.

Bu kitapçığın içeriği web sitesindeki bilgilere dayanmaktadır. İçinde larenjektomililer ve yakınları için tıbbi, diş sağlığı ile ilgili ve psikolojik bilgiler yanında, radyoterapi ve kemoterapi yan etkileri, larenjektomiden sonra konuşma yöntemleri, solunum, stoma, ısı ve nem filtreleri, konuşma protezleri ile ilgili bilgiler de vardır. Beslenme ve yutma, solunum ve anestezi, bir larenjektomili olarak seyahat etme konularına da değindim.

UYARI

Dr. Brook bir Kulak Burun Boğaz Hastalıkları ve Baş Boyun Cerrahisi uzmanı değildir. Bu kitapçık sağlık profesyonellerinin vereceği tıbbi hizmetlerin yerini tutamaz.

ISBN: 978-1-79477-151-2

Copyright © 2019

Itzhak Brook M.D.

All rights reserved.

İÇİNDEKİLER

BÖLÜM 1:	Larenks (Gırtlak) Kanserinin Tanı ve Tedavisine Genel Bakış Çeviri: Dr. Hasay GULIYEV
BÖLÜM 2:	Larenjektomi Çeşitleri, Sonuçlar, İkinci Görüş, Ağrı Çeviri: Dr. Murat KICALI
BÖLÜM 3:	Baş Boyun Kanserlerinde Radyasyon Tedavisinin Yan Etkileri Çeviri: Dr.Fatih GÖKMEN
BÖLÜM 4:	Larenjektomi Sonrasında Konuşma Yöntemleri Çeviri: Dr. Vedat TAŞ
BÖLÜM 5:	Sekresyonlar ve Solunum Çeviri: Dr.Tural FETULLAYEV
BÖLÜM 6:	Stoma Bakımı Çeviri: Dr.Levent YÜCEL
BÖLÜM 7:	Isı ve Nem Değiştirici Bakımı Çeviri: Dr. Fatih GÖKMEN
BÖLÜM 8:	Trakeoözofageal Ses Protezi Çeviri: Dr.Selçuk MÜLAZIMOĞLU
BÖLÜM 9:	Larenjektomi Sonrası Beslenme, Yutma ve Koku Alma Duyusu Çeviri: Dr.Günay ABBASOVA
BÖLÜM 10:	Önlemler: Takip, Sigaradan Kaçınma ve Aşılama Çeviri: Dr.Rauf MİSKİNLİ
BÖLÜM 11:	Psikolojik Konular: Depresyon, İntihar, Belirsizlik, Tanı Paylaşımı, Bakım ve Destek Çeviri: Dr.Levent YÜCEL
BÖLÜM 12:	Bir Larenjektomili Olarak Yolculuk Çeviri: Dr.Hasay GULIYEV

BÖLÜM 1
LARENKS (GIRTLAK) KANSERİNİN TANI VE TEDAVİSİNE GENEL BAKIŞ

Gırtlak (larinks veya larenks) boyunda nefes borusunun üst kısmında yer alan solunum ve ses organıdır. Ağız boşluğu ve yutaktan havanın nefes borusuna girişindeki kontrol bölgesidir. Larenks ses tellerini içerir. Ses telleri titreştiğinde bu titreşimler boğaz, ağız ve burunda yankılanarak duyulabilen ses haline gelirler.

Larenks üç anatomik bölgeye ayrılır:
- Glottik bölge : Ses tellerini içerir.
- Supraglottik bölge: Ses tellerinin üst kısmını, epiglottis, aritenoid, ariepiglottik katlantıları ve yalancı ses tellerini içerir.
- Subglottik bölge: Ses tellerinin alt kısmını içerir.

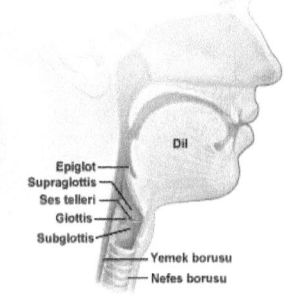

Şekil 1: Normal gırtlak anatomisi

Larenksin yan kısımları ve arkasında yerleşen ve özofagusun (yemek borusunun) başlangıç kısmını oluşturan yapıya ise hipofarenks (alt yutak) denir. Larenkste başlayan kanserler larengeal kanser, hipofarenkste yer alanlar ise hipofarengeal kanser olarak adlandırılır. Bu kanserler birbirine çok yakındır. İkisinin tedavi yöntemleri birbirine benzerdir ve larenjektomiyi (gırtlağın çıkartılmasını) içerebilir. Aşağıda yer alan bilgiler larengeal kanserler hakkında olsa da, hipofarengeal kanserler için de geçerlidir.

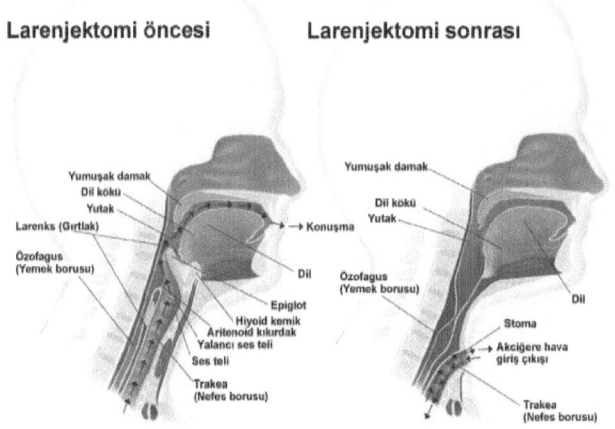

Şekil 2: Larenjektomi öncesi ve sonrası anatomi

Larengeal kanserler, larenkste malign (kötü huylu) hücreler ortaya çıktığında meydana gelir. Larenksin herhangi bir yerinden gelişebildiği gibi en çok glottisten gelişir. Supraglottik kanserler daha nadirdir. En az geliştiği yer ise subglottik bölgedir.

Larengeal ve hipofarengeal kanserler direk olarak komşu yapılara yayılabilirken, lenf damarları ile boyundaki bölgesel lenf nodlarına ve kan yoluyla vücudun daha uzak bölgelerine de yayılabilir. Uzak metastaz (yayılıma) olarak akciğer ve karaciğer en çok tutulan yerlerdir. Yassı hücreli kanserler, tüm larengeal ve hipofarengeal kanserlerin % 90-95'ini oluşturur.

Sigara kullanımı ve ağır alkol tüketimi larengeal kanserler için ana etkenlerdir. Bir diğer risk faktörü olan "insan papilloma virüsü (HPV)" ile karşılaşma daha çok orofarengeal kanserle ilişkiliyken, larengeal ve hipofarengeal kanserlerden daha az oranda sorumludur.

Tanı

Larengel kanserlerin belirtileri şunlardır:

- 1-2 haftada geçmeyen ses kısıklığı
- Anormal (yüksek perdeli) soluma sesleri
- Devamlı öksürük (kanlı olabilir)
- Yutmada güçlük
- Boğazda takılma hissi
- Boyun ve kulak ağrısı
- Antibiyotiklerle geçmeyen, 1-2 hafta süren boğaz ağrısı
- Boyunda şişlik veya kitle
- İstenmeyen kilo kaybı

Larenks kanseriyle ilişkili belirtiler kanserin yerleşim yerine göre değişmektedir. İnatçı ses kısıklığı glottik kanserlerin başlangıç belirtisi olabilir. Sonrasında yutma güçlüğü, kulak ağrısı, inatçı ve bazen kanlı olabilen öksürük gelişebilir. Supraglottik kanserler sıklıkla hava yolunu tıkadıklarında nefes alma güçlüğü ile veya metastatik (yayılım gelişmiş) lenf nodu (beze) olduğunda boyunda ele gelen bir şişlik ile belirti verirler. Subglottik kanserler ise tipik olarak ses kısıklığı ve nefes almada zorlanma şikayetleriyle ortaya çıkar.

Larenks kanserine kesin olarak tanı koyabilen basit bir test yoktur. Hastanın tam olarak değerlendirilmesi, tanısal testleri, hastanın şikayetleri ve hastalık hikayesi ile tam bir kulak burun boğaz muayenesini içermelidir. Kişinin kanser mi, yoksa kanser belirtilerini taklit eden başka bir hastalığa (örneğin enfeksiyon) mı sahip olduğunu belirlemek için birçok test gerekebilir.

Tanı testleri kanseri teşhis etmek, kanserin gelişimini izlemek ve tedavinin etkinliğini gözlemlemek için kullanılır. Hastanın durumunun değiştiği, alınan örnek yeterli kalitede olmadığı veya anormal test sonuçlarının olduğu bazı durumlarda testlerin tekrarlanması gerekebilir. Kanser için tanı işlemleri endoskopik muayeneyi, radyolojiyi (çeşitli filmlerle görüntüleme yöntemlerini), laboratuvar testlerini, cerrahiyi, tümör biyopsilerini ve genetik testleri içerebilir.

Aşağıdaki testler ve işlemler larengeal kanserin tanısında, evrelendirmesinde ve tedavi seçiminde kullanılır.

Boğaz ve boynun fiziksel muayenesi: Bu muayenede doktor boyunda şiş olan lenf nodlarını eli ile muayene eder ve küçük, uzun saplı bir ayna kullanarak larenksi değerlendirir.

Endoskopi: Bir endoskop yardımıyla, burun veya ağızdan girilerek üst hava yollarından larenkse kadar uzanılır. Böylece buradaki yapılar direk olarak gözlemlenir.

Laringoskopi: Larenksi ayna veya laringoskop (ışıklı bir boru) yardımıyla muayene işlemidir.

Bilgisayarlı tomografi (BT) taraması: Vücudun farklı yerlerinden, seriler halinde detaylı radyografik görüntülerini alan bir uygulamadır. Kontrast bir maddenin yutularak veya damardan enjeksiyon ile verilmesi doku ve organların daha iyi görülmesine olanak sağlar.

Manyetik rezonans görüntüleme (MRG): Mıknatıs ve radyo dalgalarını kullanarak vücudun çeşitli alanlarının detaylı olarak görüntülenmesini sağlar.

Baryumlu grafi: Yemek borusu ve mideyi gözlemlemek için röntgen ışınları yardımıyla hastanın baryum içeren sıvı şeklinde bir ilaç içmesini içeren uygulamadır.

Biyopsi: Dokulardan alınan örneklerin patologlar tarafından mikroskop altında kanser açısından değerlendirildiği bir uygulamadır.

Larenks kanserinin tedavi başarısını etkileyen faktörler:

- Kanserin yayılım derecesi (Evre)
- Kanser hücrelerinin patoloji derecesi
- Tümörün bulunduğu yer ve boyutu
- Hastanın yaşı, cinsiyeti ve genel sağlık durumu

Sigara ve alkol kullanımı larenks kanserinin tedavi başarısı azaltmaktadır. Larenks kanseri tanısı almış hastalar sigara ve alkol kullanmaya devam ederlerse tedavi şansları azalmakta ve ikinci kez kansere yakalanma olasılıkları artmaktadır.

Larenks Kanserinin Tedavisi

Erken teşhis edilen ve küçük boyutlarda larenks kanseri olan hastalar cerrahi veya radyoterapi ile tedavi edilebilirler. İleri evre (geç teşhis edilen, büyük ve yayılmış) larenks kanseri olanlar ise birçok tedavi yönteminin bir arada kullanmasına ihtiyaç duyabilirler. Bunlar cerrahi, radyoterapi ve kemoterapi kombinasyonlarını içerir.

Hedefe yönelik tedavi özellikle ilerlemiş larenks kanserinde diğer bir tedavi yöntemidir. Hedefe yönelik tedavide tümörün büyümesi ve ilerlemesini sağlayan molekülleri engelleyen ilaçlar ve diğer çeşitli maddeler kullanılır.

Seçilecek tedavi yöntemi hastanın genel sağlığına, kanserin lokalizasyonuna ve diğer bölgelere yayılıp yayılmamasına bağlıdır.

Tedavinin planlaması uzman bir ekip tarafından yapılır. Bu ekipte:

- Kulak Burun Boğaz Baş ve Boyun cerrahisi uzmanı
- Onkolog
- Radyasyon onkoloğu vardır.

Bu uzmanlarla birlikte çalışan diğer sağlık çalışanları diş hekimi, plastik ve rekonstrüktif cerrah, konuşma ve lisan terapisti, onkoloji hemşiresi, diyetisyen ve psikologlardır.

Tedavi seçenekleri aşağıdakilere bağlıdır:

- Kanserin yayılımı (Evre)
- Kanserin boyut ve yerleşimi
- Hastanın konuşma, yemek yeme ve nefes alma yeteneğini olabildiğince koruma
- Kanserin tekrarlayıp tekrarlamadığı

Uzman ekip uygun olan tedavi yöntemlerini, her tedaviden beklenen sonuçları ve olası yan etkileri hastaya anlatır. Hasta tüm seçenekleri dikkatlice değerlendirmelidir. Bu tedavilerin yemek yeme, yutma ve konuşma fonksiyonlarını ve tedavi süresince veya sonrasında görünüşünü nasıl etkileyeceğini anlamış olmalıdır. Hasta ve uzman ekip birlikte tartışarak hastanın beklentilerine ve gereksinimlerine uygun bir tedavi planına karar vermelidir.

Ağrı kontrolü, potansiyel yan etkiler nedeniyle ortaya çıkan diğer belirtilerin hafifletilmesi ve hastanın duygusal açıdan rahatlaması için gerekli destekleyici tedaviler de kanser tedavisinin öncesinde ve sonrasında uygulanabilir olmalıdır.

Hastalar tedavi tercihlerini yapmadan önce iyi bilgilendirilmelidirler. Gerekli görüldüğünde ikinci bir hekimden tıbbi veya cerrahi tedavi görüşü almalıdırlar. Hasta yakınlarının uzman ekiple beraber görüşmelere katılması, hastanın en iyi kararı vermesinde yardımcı olması açısından önemlidir.

Uzman ekibe aşağıdakilerin sorulması önerilmektedir:

- Tümörün boyutu, yerleşimi, yayılımı ve evresi nedir?
- Tedavi seçenekleri nelerdir? Cerrahi, radyoterapi, kemoterapi kombinasyonlarından hangilerini içermektedir?
- Her tedavinin yan etkileri, riskleri ve yararları nelerdir?
- Yan etkilerle nasıl mücadele edilir?
- Yukarıdaki tedavilerden sonra sesim nasıl olacaktır?
- Tedaviye nasıl hazırlanılır?
- Tedavi kişinin hayatını, çalışma ve günlük yaşamını nasıl etkileyecektir?
- Tedavi seçenekleri açısından hekim ikinci bir görüş için bir uzmanı tavsiye eder mi?
- Hastanın takibine ne sıklıkla ve ne kadar süre ihtiyaç duyulacaktır?

BÖLÜM 2
LARENJEKTOMİ ÇEŞİTLERİ, SONUÇLAR, İKİNCİ GÖRÜŞ, AĞRI

Larenjektomi Çeşitleri

Larenks kanserlerinin tedavisi genellikler cerrahidir. Cerrah soğuk bıçak ya da lazer kullanabilir. Lazer cerrahisinde dokuları kesmek veya yok etmek için yoğun ışın kullanılır.

Larenks kanserinin tedavisinde başlıca iki cerrahi yöntem vardır.

1. **Parsiyel Larenjektomi**: Cerrah sadece tümörün kaynaklandığı larenksin (gırtlağın) bir bölümünü çıkarır.
2. **Total Larenjektomi**: Cerrah larenksi çevre dokular ile birlikte tümüyle çıkarır.

Hastalığın boyun lenf bezlerine yayılımı mevcut ise veya yayılım riski yüksek ise, lenf bezleri larenjektomi ile aynı seansta uygulanan bir operasyonla çıkartılabilir. Ameliyat sırasında ya da sonrasında etkilenmiş dokuların yeniden tamirine ihtiyaç duyulabilir. Bu nedenle bazı durumlarda cerrah operasyon sırasında boyun ve göğüs gibi vücudun diğer bölümlerinden tamir için doku kullanmak isteyebilir. Bu cerrahi sonrası oluşan doku defektinin tamiri aşaması tümörün çıkarılması ile aynı seansta yapılabileceği gibi sonra da gerçekleştirilebilir. Cerrahi sonrasında hastalığın tedavi edilebilme olasılığı kişiler arasında farklılıklar gösterebilir.

Cerrahi Tedavide Sonuçlar

Cerrahinin temel sonuçları aşağıdakilerin bir kısmını ve tümünü içerir:

- Göğüs ve boyun metastazları
- Lokal ağrı
- Yorgunluk
- Artmış mukus üretimi
- Fiziksel görünüm değişimi
- Uyuşma, kas sertliği ve zayıflığı
- Trakeostomi (boyundan nefes borusuna açılan delik)

Çoğu hasta cerrahiden sonra bir süre yorgun hisseder. Özellikle ilk günler boyunca şişlikleri ve ağrısı vardır. Ağrı tedavisi bu belirtilerin bazılarını azaltır.

Cerrahiden sonra yutma, yeme ve konuşma değişir. Ancak bütün bu değişimler kalıcı olmaz. Operasyondan sonra konuşma yeteneğini kaybeden hastalar iletişimlerini bir not defterine ya da küçük yazı tahtalarına yazarak, cep telefonu ya da bilgisayar ile sağlayabilirler. Ameliyat öncesi telesekreter ya da sesli posta ile kayıt almak, telefonla arayanların konuşma zorluğu hakkında bilgilendirilmeleri için faydalı olabilir.

Cerrahiye Hazırlanma

Cerrahın operasyon öncesi tüm tedavi seçenekleri ile bunların kısa ve uzun dönem sonuçlarını hasta ile tartışması çok önemlidir. Hastaların serbestçe sorularını sorabilmeleri ve doktorlarıyla tedavi seçeneklerini tartışmaları hiçbir endişe kalmaması için önemlidir. Tekrar tekrar anlatımlar ve açıklamalar, hasta ve yakınları bu bilgileri tamamen anlayana kadar gerekli olabilir. Cerrah ile görüşmeden önce soruları hazırlamak ve elde edilecek bilgileri not etmek faydalı olabilir.

Bunlara ek olarak aşağıdaki bölümlere operasyon öncesi konsültasyonlar çok önemlidir.

- Dahiliye /Aile Hekimi
- Radyasyon onkolojisi
- Tıbbi onkoloji
- Anestezi
- Görülebilen spesifik tıbbi problemleri ile ilgili bölümler
- Konuşma Terapisti
- Psikiyatri
- Nutrisyon

Ayrıca eğer mümkün ise larenjektomi olmuş kişiler ile görüşme de faydalı olacaktır. Hastaların karşılıklı etkileşimi gelecekteki konuşma seçeneklerini anlamada, yaşadıkları bazı deneyimleri paylaşmada ve duygusal destek sağlamada yardımcı olabilir.

İkinci Görüş

Yeni bir tıbbi tanı ile karşılaşıldığında birkaç tedavi seçeneği arasından tercih yapmak gerekebilir, böyle bir durumda özellikle cerrahi tedavilerde ikinci bir hekim görüşü almak çok önemlidir. Bazı hastalar ikinci bir görüş için başka hekimler tarafından değerlendirme konusunda isteksiz olabilir. Bazıları da bunun kendi hekimi ile arasındaki güveni sarsacağını düşünerek korkar. Çoğu hekim ise hastalarının ikinci bir görüş almasını teşvik eder.

İkinci görüş alınan hekim ilk hekimin tanı ve tedavi planına katılabilir. Diğer taraftan farklı bir yaklaşım da önerebilir. Her iki şekilde de, hasta değerli bilgilere ve daha fazla kontrol duygusuna sahip olur. Sonunda bütün seçenekleri değerlendirip kendinden emin bir şekilde kararlarını alır.

Tıbbi kayıtları toplama ve diğer hekimlere danışma zaman alabilir. Genel olarak tedavinin başlamasında olacak bir miktar gecikme nihai tedavi etkisini çok az değiştirir. Ancak böyle bir gecikmeyi hekim ile görüşmek iyi olur.

İkinci görüş için uzman bulmak için çok sayıda yol vardır. Bunlar kendi hekiminin önerdiği, yerel ya da ulusal tıp topluluklarından, yakınlardaki hastanelerden ya da üniversite hastanelerinden uzmanlar olabilir.

Cerrahiden Sonra Ağrı

Larenjektomiden sonra ağrı derecesi oldukça subjektif (kişiye göre değişen) bir belirtidir. Ancak genel bir kural olarak "daha geniş cerrahi daha fazla ağrı"ya neden olacaktır. Larenjektomi ya da diğer baş boyun cerrahilerinden sonra kronik ağrıya sahip olan hastaların değerlendirilmesi algoloji birimi (ağrı birimi) tarafından gerçekleştirilmektedir.

BÖLÜM 3
BAŞ BOYUN KANSERLERNDE RADYASYON TEDAVİSİNİN YAN ETKİLERİ

Radyasyon tedavisi, yani radyoterapi (RT) baş boyun kanserlerinin tedavisinde sık kullanılan bir metodudur. RT'nin amacı kanser hücrelerini öldürmektir. Bu hücreler normal hücrelere nazaran daha sık bölünme ve çoğalma eğiliminde olduklarından radyasyon tarafından zarar görerek ölme ihtimalleri de daha yüksektir. Radyoterapiden etkilenen normal hücreler de bir miktar zarar görmekle birlikte çoğunlukla iyileşirler.

Bir radyasyon onkoloğu tarafından RT önerilmiş ve tedavi planlanmışsa; tedavide kullanılacak radyasyon miktarı ve süresi de belirlenmiş demektir. Bu tedaviler tümörün tipi ve yerleştiği bölge, hastanın genel durumu ve hastanın önceden aldığı veya sonradan alacağı tedavilere göre değişkenlik gösterir.

Baş boyun kanserlerinin tedavisinde kullanılan RT'nin yan etkileri akut ve kronik olarak ikiye ayrılır. Akut (erken) etkiler tedavi süresince veya tedavi sonrası erken dönemde (RT bittikten sonraki yaklaşık 2-3 haftalık zaman) gelişirler. Kronik etkiler ise haftalar ile yıllar sonra herhangi bir zamanda ortaya çıkabilirler.

Hastalar en çok RT'nin erken dönem etkilerinden rahatsız olurlar ki, bu etkiler genellikle zaman içinde azalma gösterir. Uzun etkiler ise genellikle çok göze çarpmamakla birlikte yaşam kalitesini ve hastanın bakım ihtiyacını artırdıkları için erken dönemde tanınmalı ve mümkünse sonuçları ortaya çıkmadan önce tedavi edilmelidir.

Baş boyun kanserli bireylere sigarayı bırakmalarının önemi anlatılarak sigara bırakma konusunda etkin bir danışmanlık verilmelidir. Sigaranın baş boyun kanserlerinde majör risk oluşunun yanı sıra sigara içen bireylerde alkol kullanımıyla risk katlanarak artmaktadır. Sigara içimi kanser tedavisinin başarısını da olumsuz etkiler. RT sırasında ve sonrasında sigara içmeye devam edilmesi, mukozal reaksiyonların şiddetini ve süresini artırır. Ağız kuruluğunu kötüleştirir. RT sırasında sigara içen hastaların uzun dönem sağ kalım sürelerinin içmeyenlere göre daha düşük olduğu gösterilmiştir.

A. Erken Yan Etkiler

Erken yan etkiler orofarengeal mukozanın inflamasyonu (mukozit), ağrılı yutma (odinofaji), yutma güçlüğü (disfaji), ses kısıklığı, tükürük miktarında azalma (kserostomi), ağız ve yüz ağrısı, dermatit, bulantı, kusma ve kilo kaybını içermektedir. Bazı komplikasyonlar nedeniyle tedaviye ara verilmesi gerekebilir. Bu etkiler çeşitli miktarlarda, hemen tüm hastalarda ortaya çıkarlar ve zamanla şiddetleri azalır. Bu yan etkilerin ciddiyeti RT'nin verileceği yer ve miktarı, tümörün yeri ve yayılımı ve hastanın genel sağlık durumu ve alışkanlıklarına (sigara içmeye devam etme, alkol tüketimi gibi) göre değişmektedir.

Cilt Hasarı

RT ciltte güneş yanığına benzer bir etki ve hasar yapar. Bu hasar eş zamanlı verilen kemoterapiyle şiddetlenmektedir. Bu dönemde hastaya potansiyel kimyasal irritanlardan, direkt güneş ışınlarından ve rüzgardan sakınılması tavsiye edilir. RT bölgesindeki cilde losyon ve merhemlerin lokal olarak uygulanması ile radyasyonun etki derinliği değişebilmektedir. Radyasyon tedavisi sırasında cildi nemlendirecek ve koruyacak çok sayıda ürün mevcuttur.

Ağız Kuruluğu

Tükürük üretimindeki azalma planlanan radyasyon dozuyla ve radyasyonla karşılaşmış tükürük bezi dokusu miktarıyla orantılıdır. Yeterli miktarda sıvı tüketmek, tuz ve karbonat içeren bir solusyonla ağız yıkaması ve gargara yapmak, ağız içini temizlemek, koyulaşmış sekresyonları yumuşatmaya ve ağrıda azalmaya yardımcı olacaktır. Yapay tükürük veya sürekli su içerek ağız içini nemli tutmak da yardımcı olabilir.

Tat Değişiklikleri

RT dil ağrısının yanı sıra tat değişikliklerine de yol açabilir. Bu yüzden gıda alımında azalma görülebilir. Tat değişikliği ve dil ağrısı çoğu hasta 6 aylık bir süreçte azalmakla beraber, az sayıdaki hastada tamamen geri dönmemektedir. Birçok kişi kendi tat almalarında kalıcı değişiklikler de tanımlamışlardır.

Orofarengeal Mukoza İnflamasyonu (Mukozit)

Tıpkı kemoterapi gibi radyasyon da orofarengeal (ağız ve yutak boşluğu) mukozaya hasar verir. Bu hasar genellikle RT başlangıcından 2-3 hafta sonra, giderek şiddetlenen mukozit olarak sonuçlanır. Görülme sıklığı ve ciddiyeti RT'nin alanı, toplam dozu ve süresine bağlıdır. Kemoterapi bu durumu şiddetlendirebilir. Mukozit gıda alımını ve beslenmeyi etkileyecek kadar şiddetli olabilir.

Tedavi yönetimi oral hijyenin korunması, diyette değişiklikler ve anti-asit, anti-fungal süspansiyonlarla kombine edilmiş yüzeyel anestezik karışımını içerir. Baharatlı, asitli, sert veya sıcak yiyeceklerden ve alkolden uzak durulmalıdır. İkincil viral, bakteriyel ve fungal enfeksiyonların görülmesi bu dönemde mümkündür. Ağrı kontrolü için gabapentin veya opiatların kullanımı gerekli olabilir. Mukozit beslenme eksikliğine yol açabilir. Ciddi kilo kaybı veya sık dehidratasyon (sıvı kaybı) atağı yaşayan hastalarda beslenme tüpüyle beslenme ihtiyacı olabilir.

Ağız ve Yüzde Ağrı (Orofasiyal Ağrı)

Orofasiyal ağrı baş boyun kanserli hastalarda sık görülen bir durumdur. RT öncesinde hastaların yarısında, RT sırasında yaklaşık %80'inde ve RT'den 6 ay sonra her üç hastadan birinde orofasiyal ağrı gözlenmektedir. Ağrı mukozit sonrasında ortaya çıkar ve genellikle kemoterapi verilmesiyle şiddetlenir. Kanser, enfeksiyon, inflamasyon, cerrahi veya diğer tedavilere bağlı skar (nedbe dokusu) gelişimi ile ağrının artması mümkündür. Ağrı için analjezik (ağrı kesiciler) ve narkotik ilaçların kullanılması gerekebilir.

Bulantı ve Kusma

RT bulantıya neden olabilir. Genellikle RT seansından 2-6 saat sonra başlayan ve 2 saat süren ataklar halinde gelişir. Kusma her zaman olmamakla birlikte bulantıya eşlik edebilir.

Bulantıyla başa çıkmak için:

- Günde 3 büyük öğün yerine az ve sık öğünler tüketilmelidir. Bulantı genellikle mide boş olduğunda kötüleşir.
- Yiyecekler yavaş yenmeli, gıda tamamen çiğnendikten sonra yutulmalıdır.
- Soğuk veya oda sıcaklığındaki gıdalar tüketilmelidir. Sıcak gıdalar bulantıyı tetikleyebilir.
- Baharatlı, soslarla zenginleştirilmiş veya yağ içeriği yüksek gıdalar gibi sindirimi zor gıdaların tüketiminden kaçınılmalıdır.
- Yemek yedikten sonra efor sarf edilmemeli, dinlenilmelidir. Yatarak dinlenileceğinde baş yaklaşık 30 cm yüksekte olmalıdır.
- Öğünlerle beraber sıvı tüketimi yerine öğün aralarında su ve sıvı tüketilmelidir.
- Günlük 6-8 bardak su veya eşdeğeri sıvı tüketilmesi dehidratasyonu (sıvı yetersizliğini) önlemek için de uygun olacaktır. Soğuk içecekler, buz küpleri, buzlu meyveler ve jelibon tarzı gıdalar da bu gruba girer.
- Hastanın yemek yerken fark ettiği, daha az bulantı oluşturan gıdalardan daha çok tüketilmelidir.
- Sürekli bulantısı olan hastalarda her RT seansı öncesi tedavide görev alan sağlık ekibine bilgi verilmelidir.
- Kusması ısrarla devam eden hastalarda sıvı yetersizliği (dehidratasyon) oluşmaması için bu hastalar acil tedavi edilmelidir.
- Tedavisini sürdüren sağlık ekibi tarafından hastaya bulantı önleyici (antiemetik) ilaçlar önerilebilir.

Uzun süreli kusması olan hastalarda vücuttan bol miktarda su ve besin elementi kaybı gelişir. Günde 3 seferden daha çok kusma oluyor ve bundan dolayı hasta yeterli miktarda sıvı alamıyorsa bu durum dehidratasyonla sonuçlanır. Dehidratasyon tedavi edilmezse ciddi komplikasyonlara yol açabilir.

Dehidratasyon belritileri idrar miktarında azalma, idrar renginde koyulaşma, baş ağrısı, kuru ve kızarık cilt, dilde kuruma, irritasyon (sinirlilik) ve bulanık bilinç halidir.

Uzun süreli kusma, ilaçların etkinliğini azaltabilir. Kusma inatçı bir hal alırsa RT'ye geçici bir süre ara verilmesi gerekebilir. İntravenöz (damar içine verilen) sıvılar ile vücudun kaybettiği su, mineral ve besin elementlerinin eksiklikleri kapatılarak vücudun eski haline getirilmesi amaçlanır.

Yorgunluk

Yorgunluk RT'nin en sık gözlenen yan etkilerindendir. RT, tedavi başladıktan sonra giderek artan yorgunluğa neden olur. Genellikle bu yorgunluk tedavi bitiminden 3-4 hafta sonraya kadar sürerken, kimi hastalarda 2-3 aya kadar sürebilir.

Yorgunluğu tetikleyen faktörler anemi (kansızlık), sıvı ve besin alımındaki azalma, ilaçlar, hipotiroidizm, ağrı, stres, depresyon ve uyku süresinde azalmadır.

Dinlenme, enerjiyi koruma ve yorgunluğu tetikleyen faktörlerin düzeltilmesi yorgunluk şikayetinde düzelmeye neden olur.

Trismus (ağız açılmasında kısıtlanma) ve işitme problemleri de RT'nin diğer akut yan etkileridir.

B. Geç Yan Etkiler

RT'nin geç görülen yan etkileri tükürük oluşumundaki kalıcı azalma ile birlikte görülen ağız kuruluğu, osteoradyonekroz (kemik dokuda nekroz), ototoksisite (işitme hasarı), fibrozis (nedbe dokusu), lenfödem (dokularda lenf sıvısının dolaşım yavaşlamasına bağlı şişlik), hipotiroidizm (tiroid bezinin yavaş çalışması) ve boyun yapılarındaki hasarlanmayı içerir.

Kalıcı Ağız Kuruluğu

Kserostomi bir çok hastanın yaşadığı ve en uzun süre rahatsız olduklarını ifade ettikleri şikayetlerin başında gelir. Kserostomiyle mücadelede yapay tükürük veya sürekli su içilerek ağzın kurumasının önlenmesi ile tükürük miktarındaki azalma giderilmeye çalışılır. Ancak bu tedaviler prostat hipertrofisi olan erkekler ile, mesane kapasiteleri az olan kişilerde gece idrara çıkma ihtiyacını artırarak yaşam kalitesini olumsuz etkileyebilir. Hastaların tedavisinde tükürük yapımını uyaran ilaçlar ve akapunktur kullanılabilir.

Çenede Osteoradyonekroz

Radyonekroz nadir görülen, ancak ciddi bir komplikasyon olup cerrahi müdahale ve rekonstrüksiyon (ameliyatla onarım) gerektirebilecek bir durumdur. Lezyonun lokalizasyonu ve yayılımına bağlı olarak ağrı, ağız kokusu, tat bozukluğu, kötü kokulu nefes, uyuşukluk, trismus, çiğneme ve konuşma güçlüğü, fistül (deriye açılan yara) oluşumu, patolojik kırık ve bölgesel, çevresel veya sistemik yayılan enfeksiyonlar gibi belirtiler verir.

Çene kemiği (mandibula), başta nazofarenks (geniz) kanserli hastalarda olmak üzere en sık etkilenen kemiktir. Radyonekroz maksillada (üst çene kemiğinde) yan damar sisteminin olması nedeniyle nadir görülür.

Radyasyon almış bölgedeki diş hastalıkları ve diş çekimleri radyonekroz için majör risk faktörüdür. Bazı kişilerde RT başlanmadan önce çürük diş ve köke yönelik uygun tedaviler yapılması veya diş çekilmesi gerekebilir. Sağlıksız bir diş, mandibula için enfeksiyon kaynağı olup bu dişe yönelik tedaviler RT sonrası daha zor olmaktadır.

Hafif dereceli radyonekrozlar debridman (yara temizliği), antibiyotik ve yüzeyel ultrason ile konservatif olarak tedavi edilebilirken, nekrozun yaygın olduğu durumlarda geniş rezeksiyon (dokunun cerrahi olarak çıkarılması) sonrasında mikrovasküler rekonstrüksiyon sıklıkla kullanılır.

Diş sağlığına yönelik önlem bu problemi azaltabilir. Özellikle diş problemlerinde diş fırçalama, diş ipi kullanımı ve düzenli diş temizliğinin yanında özel flor kullanımı faydalı olmaktadır.

Hiperbarik oksijen tedavisi (HBO) çenede radyonekroz riski olan veya gelişen hastaların tedavisinde kullanılabilir. Ancak şimdiye kadar yapılan çalışmalarda HBO tedavisinin radyonekrozu önleme veya tedavisindeki faydası hakkında net bir görüş sağlanamamıştır.

Hastalar diş hekimlerine diş çekimi veya dişe yönelik cerrahi girişimlerden önce RT aldıklarını hatırlatmalıdırlar. HBO tedavisi bu prosedürlerin öncesinde veya sonrasında radyonekroz gelişimini önlemek için kullanılabilir. Radyasyon alınan alandaki dişlere yönelik girişimlerde kemik nekrozu riski daima akılda tutulmalıdır. Diş tedavileri öncesinde komplikasyon gelişme risklerinin belirlenmesi için RT'yi düzenleyen radyasyon onkoloğu ile görüşülmesi gerekir.

Fibrozis ve Trismus

Baş boyuna yüksek doz RT fibrozisle (nedbe dokusu) sonuçlanır. Özellikle bu durum başka nedenlerden dolayı baş hareketi kısıtlı olanlarda ve boyuna yönelik cerrahilerden sonra artabilir. Geç başlangıçlı fibrozis farinks ve özofagusta striktür oluşumuna ve temporomandibuler eklem (çene eklemi) problemlerine yol açar.

Çiğneme kaslarında fibrozis, ağız açma yetisinin zamanla artan kaybına (trismus veya çene kilitlenmesi) yol açar. Bu durun genellikle beslenme güölüğü yaratırken konuşma fazla etkilenmez. Trismus ağız bakımı ve uygun oral hijyenin sağlanmasında zorluklara da neden olur. Bu zorlukların RT öncesi yapılan cerrahilere göre şiddeti daha da artabilir. Trismus genellikle nazofarinks (geniz), damak ve maksiller sinüs kanseri nedeniyle RT görmüş hastalarda gelişir. Temporomandibuler eklem ve çiğneme kasları gibi yüksek damarlanmaya sahip yapılara verilen RT trismusun temel nedenidir. Kronik trismus fibrozisi tetikler. Ağız açıklığının artırılmasında çene egzersizleri ve dinamik ağız açma aparatı (Therabite) yardımcı olabilir. Bu cihazın trismus gelişimini önlemek amacıyla önleyici olarak kullanımı giderek yaygınlaşmaktadır.

Egzersizler boyun sertliğini azaltır ve boyun hareketlerini artırabilir. Hastaların bu egzersizleri boyun hareketliliğini sürdürmek için kimi zaman hayat boyu devam ettirmeleri gerekebilir. Özellikle RT sonrası boyun sertliği olan vakalarda gereklidir. Fibrozisin giderilmesinde tecrübe edilmiş fizik tedavi programlarının kullanılması da yardımcı olabilir. Tedaviye ne kadar erken başlanırsa sonuçlar da o kadar yüz güldürücüdür.

Baş boyundaki fibrozis, sonradan cerrahi tedavi uygulanan veya ek doz RT alan hastalarda daha da artabilir. RT sonrasında gelişen fibrozis, cilt ve ciltaltı dokularda rahatsızlık hissine ve lenfödeme neden olabilir.

Fibrozise bağlı yutma güçlüğü diyette değişiklik, farengeal güçlendirme ve yutma egzersizleri ile giderilmeye çalışılır.

Yara İyileşmesinde Problemler

Bazı larenjektomili hastalar cerrahiyi takiben özellikle operasyon sahasına RT aldıktan sonra yara iyileşme sorunu yaşarlar. Bazı hastalarda cilt ile ağız arasında anormal bir yolu tanımlanan fistül durumu gelişir. Yavaş iyileşen ve inatçı karakterdeki bu dokular antibiyotik ve sık pansuman değişimi ile iyileşebilirler.

Lenfödem

Cilt lenfatiklerinin tıkanması lenfödem ile sonuçlanabilir. Ciddi farengeal veya larengeal ödem solunum güçlüğüne neden olup, geçici veya kalıcı trakeostomi (boyundan nefes borusuna delik) açılmasını gerektirebilir. Lenfödem, daralma ve diğer bozukluklar hastanın aspirasyon (gıdaların nefes borusuna kaçması) şikayetine yatkınlık yaratan faktörler olup, bu hastalar burundan nefes borusuna veya karından mideye yerleştirilen bir beslenme sondasına ihtiyaç duyabilir.

Hipotiroidi

RT hemen daima hipotiroidi ile ilişkilidir. Sıklığı değişken olup, RT'nin dozuna ve süresine bağlı olarak artmaktadır.

Nörolojik Hasar

Boyna RT alınması omuriliği etkileyerek "Lhermitte işareti"ne, yani hasta boynunu öne eğmeye çalıştığında aşağıya doğru yayılan bir elektrik çarpması hissi oluşumuna neden olabilir. Bu durum genellikle hafif dereceli ve geçici olup nadiren transvers myelit adı verilen daha ciddi bir tabloya dönüşebilir ki, bu durum Brown Sequard Sendromu olarak da adlandırılır (omuriliği yarım kesisine bağlı vücudun aynı tarafında duyu kaybı, karşı tarafında kas güçsüzlüğü).

RT, fibrozise bağlı kan dolaşımında azalma ve yumuşak dokuların fibrozisine bağlı sinirlerin sıkışması sonucunda sinir sisteminde fonksiyon bozukluğuna yol açabilir. Ağrı, duyu kaybı ve güçsüzlük sinir sistemi bozukluklarında en sık görülen belirtilerdir. Otonom fonksiyon bozukluğu sonucu ortostatik hipotansiyon (ani harekete bağlı tansiyon düşüklüğü) gözlenebilir.

Ototoksisite

Kulak çevresine RT alınması sonucu seröz otit (orta kulakta sıvı toplanması) gelişebilir. Yüksek doz RT iç kulak, işitme siniri veya beyindeki işitme alanında hasar oluşturarak sensörinöral (sinir tipi) işitme kaybı yapabilir.

Boyun Yapılarında Hasar

RT sonrası boyunda ödem ve fibrozis sıktır. Zamanla ödem sertleşir ve boyun yapılarında sıkışmaya ve hasarlanmaya neden olabilir. Bu hasar cerrahiyle de ilişkili olarak karotis stenozu (şah damarı daralması) ve inme, karotis yırtılması, orofaringokütanöz fistül (yutak ve deri arasında tünel oluşumu) ile cerrahiden bağımsız olarak hipertansiyona (yüksek tansiyon) yol açabilir.

Karotis arter darlığı (stenozu): Beyinin beslenmesini temel olarak boyundan geçen karotis arteri (şah damarı) sağlar. Larenjektomili hastalarda en fazla olmak üzere RT uygulanmış olması karotis arter darlığı için önemli risk oluşturur. Stenoz tanısı için en iyi yöntem anjiografi olmasına rağmen, USG gibi girişimsel olmayan tekniklerle de doğru tanı konabilmektedir. Karotis darlığının belirtiler ortaya çıkmadan ve inme (beyin felci) geçirmeden tedavi edilmesi gerekir. Tedavide endarterektomi (damar içinin temizlenmesi), karotise stent yerleştirilmesi veya prostetik karotis grefti (yapay damar) ile by-pass yapılması gibi teknikler kullanılabilir.

Baroreseptör (damar içi basınç algılayıcıları) hasarına bağlı hipertansiyon (HT): Baş boyun bölgesine uygulanan RT, karotis çevresinde yerleşmiş baroreseptörlere hasar verir. Bu reseptörler karotisten geçen kan akımına göre santral sinir sitemindeki merkezleri uyararak damar direncini ve kalp kasılmasının gücünü değiştirerek kan basıncını düzenlerler. RT ile tedavi edilen kişilerde belli bir nedene bağlı olmaksızın ani veya tekrarlayan hipertansiyon atakları görülebilir.

Ani HT hastalarında kan basıncı gün içerisinde normalden fazla değişkenlik gösterir. Normal olarak ölçülen kan basıncı saniyeler içinde artış gösterebilir. Bu kan basıncındaki dalgalanmalar genellikle belirtisiz olup; hastalar bazen baş ağrısından şikayet ederler. Kan basıncı değişiklikler genelde stres veya duygu durumudaki değişmelerle ilgilidir.

Ataklarla seyreden HT hastalarında ani başlayan baş ağrısı, göğüs ağrısı, fenalık hissi, bulantı, çarpıntı, kızarma ve terleme gibi çok ciddi rahatsızlıklar oluşturan fiziksel semptomlar olur. Atakların sıklığı değişkendir; ataklar arasındaki süre haftalar veya günler olabilir, süresi de birkaç dakikadan saatler boyuna kadar değişebilir. Ataklar arasında kan basıncı normal veya hafif yüksektir. Hastalarda ataklar genellikle psikolojik faktörlere bağlanamaz. Tanı koymak için kan basıncında ani değişikliklere neden olan feokromasitoma gibi hastalıklar ekarte edilmelidir.

Her iki hipertansiyon durumu da ciddidir ve tedavi gerektirir. Bu tür yüksek tansiyonun tedavisi zor olup alanında uzman kişiler tarafından yapılmalıdır.

BÖLÜM 4
LARENJEKTOMİ SONRASINDA KONUŞMA YÖNTEMLERİ

Hastaların tüm larengeal yapılarının çıkartıldığı total larenjektomi ve diğer larenjektomiler sonrasında konuşabilmek için yeni yöntemler geliştirmeleri gerekir. Larenjektomili hastaların %85-90'ı aşağıda bahsedilecek 3 yöntemle konuşabilir; % 10'luk kalan kısım ise iletişimi konuşarak değil, yazarak veya elektronik araçları kullanarak kurabilirler.

Normal konuşma sırasında akciğerden gelen hava ses tellerinde titreştirilir ve daha sonra dil, diş ve dudaklar yardımı ile şekillendirilerek konuşma haline çevrilir. Larenjektomi sonrasında titreşimi sağlayan organ olan ses telleri çıkartıldığı için titreşim oluşmasını sağlayacak yeni yöntemler ve yerlerin geliştirilmesi gerekir. Geliştirilen yöntem yapılan cerrahiye bağlı olarak değişir. Bazı hastalar tek bir yöntemi kullanırken, bazı hastalar farklı yöntemleri beraber kullanabilir.

Her yöntemin kendine özgü özellikleri, avantajları ve dezavantajları vardır. Ses ve konuşma terapistleri larenjektomi sonrasında düzgün anlaşılabilir bir konuşma sağlanabilmesi için seçilen yöntem ve cihazların kullanımında yardımcı olabilirler. Total larenjektomi sonrasında 6 ay-1 yıl içinde konuşmada gelişme beklenir. Aktif ses rehabilitasyonu daha iyi fonksiyonel konuşmaya ulaşmada yardımcıdır.

Larenjektomi ameliyatından sonra konuşabilmek için 3 temel yöntem vardır.

1. Trakeo-özofageal konuşma (Ses protezi ile konuşma)

Bu konuşma şekli, akciğerden gelen havanın küçük bir silikon ses protezi ile yemek borusuna aktarılmasıyla aşağı yutak kısmında havanın titreştirilmesi sonucu oluşturulur. Ses protezi ameliyat sırasında trakeostomi (boyundan nefes borusuna açılan delik) açıklığının arka duvarında açılan, nefes borusu ve yemek borusunu birleştiren deliğe yerleştirilir. Bu şekilde yemek borusu ile nefes borusu arasında ses protezi ile kontrollü bir bağlantı sağlanmış olur. Ses protezi için açılan delik larenjektomi ameliyatı sırasında veya ameliyat sonrasında açılabilir. Ses protezleri tek taraflı geçiş sağlayacak şekilde tasarlanmış olup yemek borusundan nefes borusuna herhangi bir şeyin kaçmasına engel olur. Konuşma akciğerden gelen havanın ses protezi aracılığı ile, ara ara boyundaki kalıcı trakeostomi kapatılarak havanın yutağa yönlendirilmesi ile sağlanır. Bu yönlendirme için ses çıkartma sırasında parmak ile trakeostomi deliğini kapatmak gerekir veya HME (Heat and Moist Exchangers = Isı ve Nem Değiştiriciler) takıldıysa bununüzerine baskı yapmak gerekir. Bu nemlendiriciler parmak ile kapatılabilir, arzu edilir ise "handsfree" olarak adlandırılan ek bir protez ile parmakla trakeostomiyi kapatmaya gerek olmadan da konuşma sağlanabilir. Nemlendirici ve "handsfree" gibi ek protezler boyundaki trakeostomi deliği etrafına özel yapıştırıcı maddeler kullanılarak deriye yapıştırılır. Ancak unutulmamalıdır ki, ses protezi ile akıcı konuşabilme şeklinde iyi sonuçlar elde etmek için 6 ay -1 yıl kadar kullanmak gerekir.

Trakeo-özofageal konuşma protezi

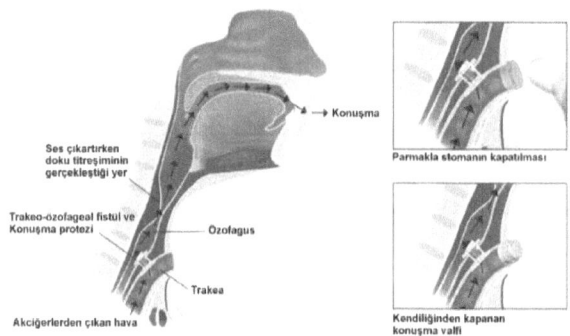

Şekil 3: Trakeo-özofageal konuşma protezi

2. Özofageal konuşma (Yemek borusundan konuşma)

Yemek borusundan konuşma geğirme esnasında yemek borusundan çıkan hava ile mümkün olur. Bu konuşma için özel bir cihaza ve proteze gereksinim yoktur. Bu konuşma şekli öğrenilmesi en uzun zaman alan konuşma şeklidir ancak herhangi bir cihaza ihtiyaç duyulmaması bir avantajıdır. Konuşma fizyoterapistleri bu konuşma şekline alışkındır ve bunun öğrenilmesinde hastaya yardımcı olabilirler.

Özofageal konuşma

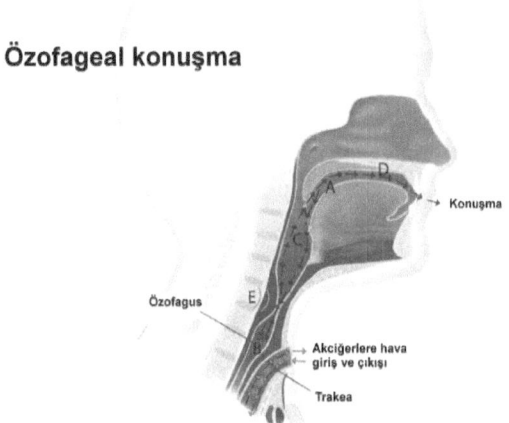

Şekil 4: Özofageal Konuşma

3. Elektrolarenks veya Yapay Larenks ile konuşma

Bu konuşma yönteminde ses elektrolarenks denilen dışarıdan çene altına ya da yanağa tutulan bir aletle elde edilir. Cızırtılı bir titreşim oluşur ve bu ağız ve dil kullanılarak modifiye edilebilir. Elektrolarenksin larenjektomiden kısa bir süre sonra hasta hala hastanede iken kullanımı mümkündür. Larenjektomili hastalarının diğer yöntemler ile konuşmayı öğrenmeleri zaman almakta, bu süre zarfında bu yöntem ile ameliyattan kısa bir süre sonra hastanın iletişim kurabilmesi sağlanabilmektedir. Sürekli olmasa bile diğer yöntemleri öğrenene kadar bu yöntem kullanılabilir.

Elektrolarenks ile konuşma

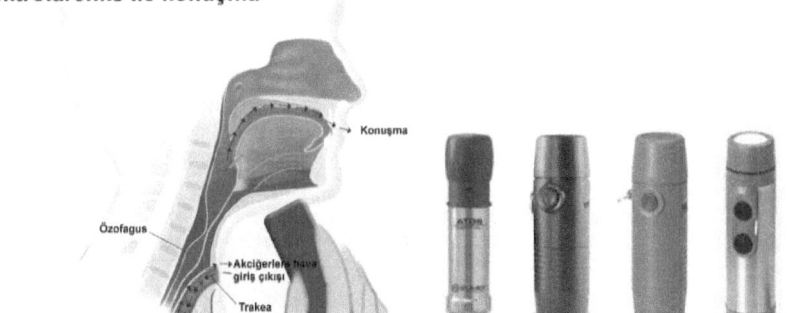

Şekil 5: Elektrolarenks ile konuşma ve değişik elektrolarenks modelleri

Diğer konuşma yöntemleri

Bu anlatılan yöntemlerden herhangi birini kullanamayan hastalar için bilgisayar destekli konuşma yardımcı olabilir. Bu yöntemde klavye üzerinden yazılanlar bilgisayar tarafından ses dönüştürülür. Bazı cep telefonlarında da benzer özellik mevcuttur.

Diyafram nefesi ve konuşma

Diyafram nefesi (karından nefes) yavaş ve derin şekilde göğüs kaslarını çalıştırmak yerine diyafram kullanılarak alınan nefestir. Bu durumda göğüste değil karında şişme olur. Bu yöntem akciğerlerin oksijen kapasitesini ve gaz değişim miktarını artırır. Trakeostomiden nefes alan hastalar genellikle yüzeyel ve biraz daha az akciğer kapasitesini kullanarak nefes alırılar. Diyafram nefesini kullanmaları özofageal ve trakeoözofageal konuşmaya yardımcı olur.

Ses güçlendiriciler ile ses düzeyinin artırılması

Trakeoözofageal ve özofageal konuşmada karşılaşılan problem ses şiddet düzeyinin az olmasıdır. Taşınabilir ses güçlendiricileri ile daha az güç harcanarak daha gürültülü ortamlarda ses şiddeti artırılabilir. Bu aynı zamanda trakeoözofageal konuşanlarda güçlü ekspiratuar basınçla ses protezinde hava çıkarmaya çalışmaya gereksinimi azaltır.

Telefonda konuşma

Larenjektomili hastaların hemen hepsinde telefon ile konuşma çok güçtür. Bazı telefonlar sesi güçlendirerek daha anlaşılır hale getirebilir. Ancak yine de seslerini çoğu zaman anlamak zordur ve bazı kişiler hastaların sesini duyunca telefonu kapatabilir. Böyle durumda hastanın karşısında bulunan kişiye "beni duyabiliyor musun" diye sormak ve karşısındaki kişiden onay almak önemlidir. Bir diğer önemli önemli nokta da konuşma zorluğu ile ilgili durumun telefonun karşı tarafındaki kişiye açıklanmasıdır.

BÖLÜM 5
SALGILAR VE SOLUNUM

İnsan vücudunda üretilen mukus salgısı, trakeanın (nefes borusunun) ve akciğerlerin sağlığının korunması için gerekli olan bir mekanizmadır. Mukus hava yollarını kayganlaştırır ve nemli tutar. Larenjektomi sonrası nefes borusu boyundan dışarı doğru ağızlaştırılır (stoma olarak açılır) ve larenjektomili hastalar mukusu öksürükle ağızdan ya da burundan atma yeteneğini kaybeder. Bu durumda öksürük ile mukusun çıkartılması stomadan olur. Öksürükle mukusu stomadan atmak larenjektomili bir hastada toz, kir ve hava yolunu etkileyen her şeyi nefes borusu ve akciğerlerden temizlemek anlamına gelir. Hastalar ani bir öksürük veya hapşırma ihtiyacı durumunda stoma koruyucusunu ve HME'sini (ısı-nem değiştirici) hızlıca çıkararak bir mendil yardımıyla stomadan çıkan mukusu tutmalıdır. En iyi mukus, akışkan ve temiz olanıdır. Ne yazık ki, çevre ve hava değişikliği yüzünden mukus hep öyle kalmaz. Bu bölümde sağlıklı mukus üretimi için gereken bilgiler anlatılacaktır.

Mukus üretimi ve havadaki nemin artırılması

Larenjektomili bir hastada öncelik, vücuda alınan havanın vücut sıcaklığına getirilmesi, nemlendirilmesi ve mikroplardan temizlenmesidir. Larenjektomi sonrası bu görevi yapacak üst solunum yolları atlanarak geçildiği için bu fonksiyonların mümkün olduğunca yeniden sağlanması önemlidir.

Larenjektomi sonrası burun ve ağızdan geçmeyen hava yeterince nemlenmez, buna bağlı olarak trakeadaki kuruluk ve uyarılma aşırı mukus üretimine yol açar. Neyise ki, zamanla trakea kuru havaya karşı bir miktar direnç geliştirir. Nem çok düşük olduğunda trakeada kuruma va çatlama olarak kanama oluşabilir. Eger kanama uzun süre devam ederse ve nem artışına cevap vermezse hemen bir doktora danışılmalıdır.

Alınan havadaki nemin düzeltilmesi mukusun aşırı üretimini engeller. Bu sayede ani, beklenmedik öksürük ile HME'nin yerinden çıkması riski azaltılır. Evdeki nemin %40-50 civarına gelmesi mukus üretiminde azalmaya ve stoma ve trakeada kanama riskinda azalmaya yol açar.

Daha iyi nemlendirme için aşağıdaki adımlar izlenmelidir.

- *Sürekli HME kullanılarak trakeada nem artırılabilir ve akciğerde ısı korunabilir.*
- *Stoma çevresindeki koruyucu örtüler nemlendirilebilir. HME den daha az effektif olan bu yöntem yine de fayda sağlamaktadır.*
- *Yeterince su ve sıvı içmek çok önemlidir.*
- *Trakea ve stomaya günde en az 2 kere 3-5 cc Serum Fizyolojik vermek yararlı olabilir.*
- *Buhar uygulamaları veya kaynayan suyun olduğu bir kap içinde (güvenli bir mesafeden) nefes almak kuruluğu azaltır.*

- *Evde %40-50 neme ulaşmak için bir nemlendirici kullanımı ve nemi ölçmek için nem ölçer bulundurulması önerilir. Bu, özellikle yazın klima ve kışın ısıtıcıların kullanıldığı dönemlerde daha da önem kazanır.*

Soğuk havalarda ve yüksek basınçta hava yolu ve boyun bakımı

Kış mevsiminin ve hava basıncı yükselmesinin larenjektomili hastalar için bazı güçlükleri vardır. Yüksek basınçlı hava daha soğuk ve kuru olur. Larenjektomi sonrasında soğuk hava burundan geçmeden, stoma yoluyla doğrudan nefes borusuna ulaştığı için rahatsız edici olmaktadır. Mukus da daha koyudur ve nefes borusunu tıkayıcı özellikte olabilir. Soğuk havada solumak hava yollarındaki düz kaslarda rahatsızlığa neden olarak akciğerdeki nefes yollarında daralmaya (bronkospazm), akciğere yeterince hava giriş-çıkışınında engellenmeye ve nefes darlığına yol açar.

Günlük hava yolu bakımında bir önceki bölümdeki önlemlere ek olarak aşağıda tarif edilen işlemler de yapılmalıdır:

- *Hava yolunun mukustan temizlenmesi için öksürülmeli veya aspirator kullanılmalıdır.*
- *Soğuk, kuru ve tozlu havalardan kaçınılmalıdır.*
- *Toz, duman, kimyasal maddeler ve allerjenlerden uzak durulmalıdır.*
- *Soğuk hava ile karşılaşıldığında stomayı ceketle veya atkı ile kapatarak alınan hava vücut sıcaklığına yakın hale getirilmelidir.*
- *Banyo yaparken suyun stomadan girmesinden kaçınılmalıdır.*

Larengektomili hastaların bir kısmında boyun disseksiyonu da (boyundaki lenf bezlerinin çıkarılması ameliyatı) yapılması nedeniyle disseksiyon yapılan hastaların bazılarında çene, kulak arkası ve boyunda his kaybı şikayetleri olabilir. Bu hastalar sıklıkla soğuğu algılamayaz ve bu hastalarda "soğuk ısırması" gelişebilir; bu nedenle soğukta bir atkı ve sıcak tutan bir fular ile boyunlarını korumaları önemlidir.

Mukus tıkaçları için aspirator kullanımı

Aspirator, larengektomili hastalara hastaneden taburcu olurken sıklıkla önerilen bir cihazdır. Hastanın öksürerek çıkaramadığı salgıları (balgamı) veya havayolunu tıkayan mukus tıkaclarını çıkarma görevini yapar. Mukus tıkacı mukusun koyu ve yapışkan olması halinde oluşur, havayolunun bir kısmını hatta bazen de tamamını kapatabilir. Tıkaç ani ve açıklanamayan nefes darlığına yol açar. Aspirator bu gibi durumlarda tıkacı çıkarmak için kullanılır. Bu durum hızla farkına varıp acil olarak tedavi edilmelidir. Tıkacı çıkarmak için serum fizyolojiğin (SF) stomadan içeri verilmesi de diğer bir tedavi seçeneğidir. SF tıkacı yumuşatır ve öksürükle atılmasına olanak sağlar. Eğer tıkaç bu işlemler tekrar edilmesine rağmen çıkarılamadıysa 112'yi aramak hayat kurtarıcı olabilir.

Öksürükte kan olması

Mukusdaki kan bir çok noktadan kaynaklanabilir. En sık stoma çevresinde oluşan doku tahrişine bağlıdır. Bu tahriş çoğunlukla stomanın sert temizlenmesine bağlıdır. Burdaki kan genellikle parlak kırmızıdır. Diğer bir kanlı öksürük nedeni de larenjektomi sonrası trakeada oluşan kuruluktur. Özellikle kış aylarında daha sık görülür. Trakeadaki kuruluğu önlemek için ev ortamında %40-50 nem oranına ulaşılması tavsiye edilir. Steril SF'in stomaya püskürtülmesi de bir diğer yöntemdir.

Bunların dışında kanlı balgam aynı zamanda pnömoni, verem, akciğer kanseri ve diğer akciğer hastalıklarında da görülebilir. Devam eden kanlı öksürük şikayetinde mutlaka doktora danışılmalıdır. Özellikle nefes almada güçlük ve/veya ağrıya yol açarsa acil tedavi ihtiyacı olabilir.

Burun akıntısı

Larenjektomili hastalar artık burundan nefes almadıkları için burunda oluşan sekresyonlar havayla beraber hareket etmez. Sıklıkla bu sekresyonlar su gibi akıntılı olarak dışarı atılır. Bu durum özellikle soğuk ve nemli havalarda veya irrite edici kokularda ortaya çıkar. Bu durumlardan kaçınılması burun akıntısını da azaltacaktır. Sekresyonları bir mendil yardımıyla temizlemek en pratik çözümdür. Larengektomili hastalar ses protezi kullanarak stomalarını kapatma yoluyla buruna hava göndererek burunlarını temizleyebilirler.

Solunum rahabilitasyonu

Larenjektomi sonrası hava, üst solunum yollarını atlayarak direkt nefes borusu ve akciğerlere gider. Hastalar aldıkları havayı ısıtan, nemlendiren ve filtreleyen solunum yollarının bir kısmını kaybetmiş olurlar. Solunum yollarındaki ve solunum için gereken çabada oluşan değişiklikler akciğer fonksiyonlarını da etkiler. Nefes alma larenjektomili hastalarda hava yollarında ağız ve burundan kaynaklanan direnç azaldığı için daha kolay olur. Akciğere daha kolay hava girdiği için larenjektomili hastalar daha önce yaptıkları gibi derin nefes alıp verme ihtiyacı duymaz. Bu nedenle larenjektomili hastalarda akciğer (AC) kapasitesinde ve nefes alıp verme yeteneğinde azalma sık görülür.

Larengektomili hastalarda AC kapasitesini koruma ve artırma için şu yöntemler kullanılmalıdır:

- *HME kullanımı hava yollarında direnc oluşturur, bu dirençe karşı vücüt ihtiyacı olan oksijeni almak için akciğerleri tamamen doldurur*
- *Tıbbi destek ve rehberlik altında düzenli egzersiz yapılmalıdır. Bu sayede akciğerler tamamen havalanır, nabız ve nefes alma hızı düzene girer.*
- *Diyaframdan nefes alıp verilmelidir. Bu metodla akciğerlerde daha fazla solunum kapasitesi oluşması sağlanır.*

BÖLÜM 6
STOMA BAKIMI

Stoma larenjektomi ameliyatları sonrası boyundaki nefes borusu ve cilt arasında bulunan yapay açıklıktır. Stomanın açıklığının korunması hastaların sağlığı açısından çok önemlidir.

Genel Önlemler

Trakea ve akciğerlere kir, toz, sigara dumanı, mikro-organizmaların girişini önlemek için stoma bakımı çok önemlidir. Birçok çeşit stoma kapağı mevcuttur. En etkili olanı ise ısı ve nem değiştiriciler (Heat and Moisture Exchangers (HME)) adıyla alınır. Bu kapaklar stomayı sıkıca kapatır. Isının ve nemin koruması, ameliyat öncesi durumun sağlaması açısından önemlidir.

Stoma özellikle ilk 24 saatte küçülme ve kapanma eğilimindedir. Bunu önlemek için stomaya konulan kanül kesinlikle çıkarılmamalıdır. Bu süreden sonra kapanma oranı ise büyük oranda azalmaktadır.

Kanül değişimi sırasında stoma bakımı:

Stoma çevresindeki cilt tekrarlanan kanül değişimleri sırasında zedelenebilir. Kanülle cilt arasında oluşabilecek yapışıklıkları önlemek için kanülü yerleştirmeden önce antibiyotikli pomadlar veya çeşitli kremler kullanılabilir. Genelde stoma açıldıktan sonraki ilk 48 saat kanülün çıkarılması önerilmez. Kanül uzun süre kaldıktan sonra doktorunuzun da önerisiyle cilt çok tahriş olmuşsa 1 günlüğüne kanül çıkarılabilir. Bu sürede cildin iyileşmesini sağlayacak pomadlar kullanılmalıdır.

Kanül kullanırken stoma bakımı nasıl olmalıdır?:

Vücut stoma açıldıktan sonra bazı adaptasyon süreçlerinden geçer. Örneğin akciğerlerden olan salgı artar ve bu salgı da cilde zarar verebilir. Bu yüzden stoma etrafındaki cilt günde 2 kez, eğer kırmızı renk, kötü koku, aşırı salgı gibi durumlar mevcut ise de mikroplardan korumak ve cilde zarar vermesini engellemek için daha sık temizlenmelidir.

Stoma çevresindeki cildin zedelenmesi

Eğer stoma çevresindeki cilt kırmızı ve zedelenmiş görünümdeyse altındaki gazlı bez değiştirilmeli ve stomayı koruyucu pomadlar kullanılmalıdır. Böylece hem cildin iyileşmesi, hem de mikroorganizmalardan koruma sağlanabilir. Eğer cilt kırmızı görünümdeyse ya da cilt üzerinde yaralar oluşmuşsa enfeksiyon gelişmiş olabilir. Böyle bir durumda yara yerinden alınacak kültür sonucu, mikroorganizmaların tedavisi için seçilecek pomadın türünü belirleyebilir.

Stomayı duş alırken sudan koruma

Duş alırken stomayı korumak çok önemlidir. Küçük miktarlarda suyun nefes borusuna kaçması tolere edilebilir, ancak eğer çok miktarda kaçarsa bu akciğerler açısından çok tehlikeli olabilir.

Duş alırken nefes borusuna su kaçması nasıl önlenebilir?

1. Su ile stoma temas ederken stoma el ile kapatılabilir ya da o sırada nefes tutulabilir.
2. Stomayı kapatacak ancak nefes almaya da izin verecek plastik önlük kullanılabilir.
3. Stomayı kapatacak ticari aletler temin edilebilir.

4. Isı ve nemden koruyucu stoma örtüleri kullanma duştan sonra direk temastan korumak açısından önemlidir. Ayrıca stoma etrafı yıkanırken nefes almayı birkaç saniyeliğine durdurmak da su kaçmasını önlemek açısından yararlı olacaktır.
5. Baş yıkanırken çeneyi stomanın üzerine eğmek de faydalı olacaktır.

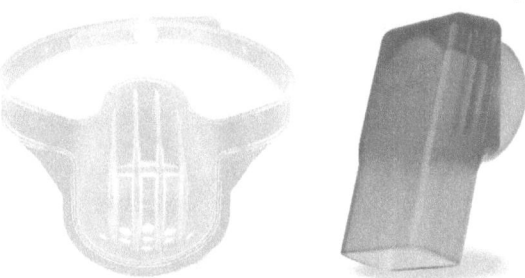

Şekil 6: Stoma duş koruyucuları

Su ve Zatürre

Gırtlak ameliyatı olan hastalar mikroplardan arındırılmamış suyun nefes borusu ve akciğerlere kaçma riski altındadırlar. Suyun kaynağı da (musluk suyu, göl, akarsu vb) enfeksiyon riski açısından farklıdır. Musluk suyu içerdiği klor sayesinde mikrop bulaşma oranını azaltır, ancak kesinlikle tamamen temiz değildir. Eğer içinde mikrop bulunan su akciğerlere kaçarsa zatürre olunabilir. Zatürre olma olasılığı akciğerlere kaçan mikrop miktarına ve kişinin bağışıklık sisteminin gücüne göre değişir.

Stomaya su veya diğer yabancı cisimlerin kaçmasının önlenmesi

Bir diğer acil durum ise doku parçalarının ya da kullanılan kağıt havluların stomadan nefes borusuna kaçmasıdır. Bu durum çok tehlikeli olabilir ve nefesin tamamen durmasına yol açabilir. Genellikle bu olay öksürürken stomanın önüne kağıt havlu tutulurken görülür. Öksürüğü takiben derin nefes alma sırasında kağıt havlu parçası nefes borusuna kaçabilir. Bunu önlemek içinse bez havlular ya da balgam ile nemleninceye kopmayan daha güçlü kağıt havlular kullanılabilir. Kaçağı önlemenin bir diğer yolu ise öksürük sonrası olan balgamı stomadan temizlerken nefesin bir süre tutulması ve böylece orada herhangi bir parça kalmaması sağlandıktan sonra nefes alınmasıdır.

Duş alırken kullanılacak özel tüpler suyun stomaya ulaşmasını önlemek için yeterince güvenli olacaktır. Stoma çevresindeki cilt sabunlandıktan sonra iyice yıkanmalı ve stomaya kaçması önlenmelidir.

BÖLÜM 7
ISI VE NEM DEĞİŞTİRİCİ BAKIMI

Isı ve nem değiştirici (HME) stoma etrafında bir kapak görevi yaparak stomayı korur. Toz ve diğer havayolundan kaynaklanan yabancı maddelere filtre etkisi yaparak solunum yolundan ısı ve nem kaybını azaltır, aynı zamanda havayolundaki direnci artırır. HME vücuda alınan havanın ısı, nem ve temizliğini düzenlemeye yardım ederek alınan havanın larenjektomi öncesindekine benzemesine yardımcı olur.

Avantajları

Larenjektomi yapılan hastaların HME kullanması oldukça önemlidir. HME trakea içine yerleştirilen bir larenjektomi veya trakeostomi tüpüne takılabildiği gibi, aynı zamanda stoma çevresindeki cildin etrafına da yerleştirilebilir. HME aparatları günlük takılıp değiştirilmek üzere tasarlanmıştır. Aparattaki köpük içeren kısım antimikrobiyal etki gösterir ve akciğere ihtiyacı olan nemi sağlamakta yardımcı olur. Bu aparatlar yıkanıp tekrar kullanılmamalıdır, çünkü içerisindeki ajanların etkinliği su veya diğer temizleyicilerle yıkandığı zaman kaybolmaktadır.

HME ılık ve nemlendirilmiş havayı nefes verme öncesinde tutar. HME'ye klorheksidin (antibakteriyel ajan), sodyum klorür ve kalsiyum klorür tuzları (nemi hapsetmek için), aktif kömür (uçucu dumanı absorbe etmesi için) emdirmiştir ve 24 saatlik kullanımdan sonra HME çıkartılır.

HME'nin diğer avantajları şunlardır: Akciğerlerdeki nemi artırarak mukus üretiminde azalmaya neden olur. Havayolundaki sekresyonların kıvamını azaltır ve mukus plaklarının oluşma riskini düşürür. Havayolundaki direnci normale getirerek akciğer kapasitesini korur. Ek olarak elektrostatik bir filtre ile kombine edilen HME bakteri, virüs, toz ve polen inhalasyonunu azaltır. Azalan polen inhalasyonu yüksek alerjenlerin olduğu mevsimlerde havayolu irritasyonunu azaltır. Filtreli HME kullanımı özellikle kapalı ve kalabalık yerlerdeki viral ve bakteriyel enfeksiyonların hastaya geçişini azaltabilir. Özellikle bilinmelidir ki hiçbir fular, bandana veya köpük filtreli stoma koruyucusu larenjektomili hastaya HME'nin sağladığı yararı sağlayamaz.

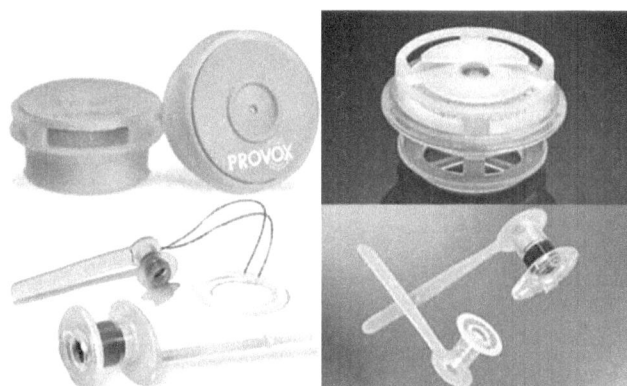

Şekil 7: HME'ler (üstte), ses protezleri (sol altta: Atos – Provox, sağ altta InHealth marka)

Larenjektomili Hastada HME'nin Solunumdaki Etkileri

Larenjektomi solunum sisteminde alınan havanın burun ve üst havayollarını by-pass ederek normal nemlenme, filtrasyon ve ısıya ulaşmasına engel olur. Aynı zamanda havayolu direncini azaltır ve havanın akciğerlere ulaşım zamanını da kısaltarak inhalasyon için gereken eforu azaltır. Bu demektir ki larenjektomili insanların üst hava yolları normal insanlar kadar çalışmazken akciğerleri de normal insanlar kadar havalanmamaktadır. Bunun önüne geçebilmek ve akciğer kapasitesini artırmak için egzersizler ve diğer metodlar kullanılmaktadır. HME havayolu direncini ve inhalasyon için gereken eforu artırarak önceki akciğer kapasitesinin korunmasına yardımcı olur.

HME aparatını yerleştirme

HME aparatını cilde yerleştirmedeki anahtar nokta sadece aparatı güzelce yapıştırmak değil aynı zamanda cildteki eski yapışkanları da kaldırarak stoma çevresini temizlemek ve yeni yapıştırıcı katlarını uygulamaktır. Cildin dikkatlice hazırlanması oldukça önemlidir. Bazı kişilerde stoma çevresindeki boynun şekli aparatı yerleştirmekte problemlere neden olmaktadır. Aparatı yerleştirmede kullanılan birden çok sayıda aparat yuvası bulunmaktadır. Konuşma ve ses rehabilitasyonuna yardım eden profesyoneller doğru olanı bulmakta yardımcı olabilirler. En iyi HME yuvasını bulmak deneme yanılmayla olur. Zamanla cerrahi sonrası ödemin azalması ve stomanın kendi şeklini almasıyla, ideal aparat yuvasının ölçüsü ve şekli değişebilir.

Aşağıdaki adımları uygulayarak bir HME yuvasının nasıl takıldığı öğrenilebilir. İşlem sırasında en önemli olan şey cildi koruyan örtü ve silikon cilt yapıştırıcıyı yuvayı yerleştirmeden önce dikkatlice yerleştirmektir ve kurumasına zaman tanımaktır. İşlem biraz zaman alabilir, fakat adımlara uymak oldukça önemlidir:

1. Ciltteki eski yapışkanlar temizlenmelidir.
2. Islak mendille cilt silinmelidir.
3. Sabunlu ıslak bezle cilt silinmelidir.
4. Cildin kurumasını beklenmelidir.
5. Yapışkan bant uygulanıp kuruması için 2-3 dk beklenmelidir.
6. Ekstra yapışkanlık isteniyorsa silikon cilt yapıştırıcıyı uygulanmalı ve kuruması için 3-4 dk beklenmelidir (Özellikle otomatik konuşma valvi olan hastalarda önemlidir).
7. HME yuvasına yerleştirilmelidir.

8. El ile kapatılmadan kullanılan (handsfree) HME'lerde konuşmadan önce 5-30 dk beklenip yapışma işlemi tamamlanmasına izin verilmelidir.

Bazı ses rehabilitasyon uzmanı, hastalara yuvayı takmadan önce ellerin arasında ovarak, koltuk altında birkaç dakika bekleterek veya saç kurutma makinesiyle ısıtmayı önerir. Bunları yaparken yapışkanın çok sıcak olmamasına dikkat edilmelidir. Yapışkanı ısıtmak özellikle hidrokolloid içerikli yapışkan kullanan kişilerde yapışkanın aktivasyonu için gereklidir. Steve Staton tarafından yuvanın yerleştirilmesini gösteren video için http://www.youtube.com/watch?v=5Wo1z5_n1j8 linkine bakılabilir.

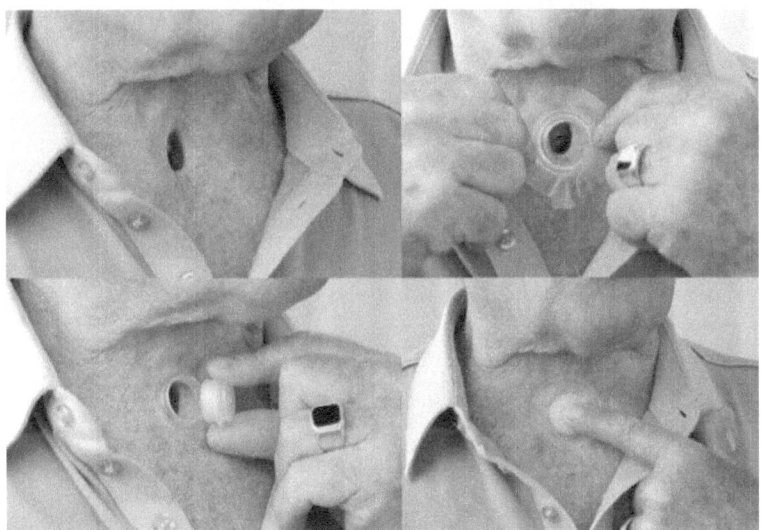

Şekil 8: HME'nin yerleştirilmesi

Handsfree HME Kullanımı

Handsfree HME; nefes verirken çıkan havayı stomadan ses protezine yönlendirerek el kullanmadan konuşmaya olanak sağlar. Bu cihaz elin kullanımını serbest bırakarak mesleksel ve yaşamsal olanakları artırmakta yardımcı olur. Handsfree HME kullanırken daha fazla basınç oluştuğu için yuvanın yapıştığı yerden çıkma ihtimalinin daha fazla olduğu akılda bulunmalıdır. Konuşurken azalan nefes verme basıncı, yumuşak ve kısık sesle fısıldar gibi konuşma ve her 5-7 kelimeden sonra derin bir nefes almak kapağın kırılıp cihazın yerinden çıkmasını engelleyecektir. Yüksek sesle konuşma durumunda bir parmakla desteklemek ayrıca yardımcı olacaktır. Öksürmeden önce cihazı hızlıca çıkarmak da ayrı bir öneme sahiptir.

Hands free HME ile konuşurken dikkat edilecek nokta kapağı kırmadan nasıl konuşulacağını öğrenmektir. Diyaframdan nefes almak daha fazla havayı dışarı çıkarmayı sağlarken konuşma eforunda azalmaya ve her nefeste daha fazla sözcük konuşmaya olanak sağlar. Bu metod trakeada basıncın artmasını dolayısıyla yuvanın aparatla birleştiği kapak yerinde kırılma riskini azaltır. Bu şekilde konuşma zaman ve sabır isteyen bir süreç olup bir ses rehabilitasyonu uzmanı bu dönemde oldukça faydalı olabilir. Bir önceki kısımda anlatılan HME yuvasını yerleştirme adımlarını doğru bir şekilde uygulamak kapağın çevresinden hava sızıntısını dolayısıyla kırılıp bozulmasını engelleyecektir. Hands free HME kullanımı, normal HME ile kıyaslandığından nefes almanın biraz daha zahmetli olduğu fark edilir. Fakat valvi saat yönünün tersine çevirerek daha büyük miktarlarda havanın akciğerlere girmesi sağlanabilir.

Kapağı koruma yönündeki bütün çabalar; birçok larenjektomili hastada daha doğal ve ellerini kullanmadan konuşmayı sağladığı için büyük kıymete sahiptir. Bazıları kapağın daha uzun bir süre dayanması için ses oluşturmada daha az efora ve dolayısıyla daha az hava basıncına ihtiyaç duyan ses yükseltici cihazlar kullanırlar.

Geceleri HME Kullanımı

Bazı HME'ler gece gündüz kullanılabilir özellikte üretilmiştir. Kapak dayandığı müddetçe geceleri de kullanılabilmektedir. Fakat kapak uzun süreli olarak kullanılamıyorsa gece periyodu için daha uygun bir yuva kullanılabilir. Çeşitli firmalar gece kullanımı için dışı daha yumuşak ve iç kısmı daha sert olan yuvalar üretmektedir.

HME'yi Gizleme

Larenjektomiyi takiben, kişiler boyun orta hattındaki stomadan nefes alıp verirler. Çoğu kişi bir HME veya köpük filtre ile stoma çevresini filtreleyerek alınan havanın sıcaklığını ve nemini üst hava yollarındakine benzer hale getirmeye çalışır. Stomanın gizlenmesi birçok hasta için önemli olup, birçok larenjektomili HME veya filtreyi giysi, fular veya mücevherle kapatmak veya açıkta bırakmak konusunda karar vermek seçenekleri arasında kalmışlardır.

Her seçeneğin artı ve eksileri mevcuttur:

Hava yoluna müdahil olan ekstra bir kapama olmadığı zaman nefes alıp vermek daha kolay olmaktadır. Alanın açık bırakılması stomaya daha kolay ulaşmayı sağlamaktadır. Bu durum da öksürük veya hapşırma gibi HME'nin ani olarak çıkarılması gereken durumlarda daha çok önem arz etmektedir. Eğer öksürük veya hapşırık sırasında HME çıkarılmazsa, aparatın mukus ile tıkanma riski mevcuttur. Boynun açıkta olması larenjektomili hastalarda kısık ve boğuk gelen sesin diğerleri tarafından sorgusuz şekilde anlaşılmasına dolayısıyla da daha dikkatli bir şekilde dinlemelerine olanak sağlar. Sağlık hizmeti sağlayıcılarının larenjektomili hastanın anatomisini fark ederek gerektiğinde havayolu müdahalelerinin hızla stomadan yapılmasına da olanak sağlar.

Açıkça görülen stoma, kişinin tıbbi geçmişini ve kanser hastalığını atlattığı gerçeğini de gözler önüne serer. Bu hastalığa rağmen günlük hayatına devam edip hastalığın neden olduğu sorunları aştıklarını gösterir. Toplumda kanserle mücadele eden birçok hasta bulunduğu halde, birçoğu kimliklerini dış görünüşlerinden dolayı gizlemektedir.

Stomasını bir giysi veya bir aksesuar ile kamufle edenler bunu genellikle diğerleri tarafından fark edilip günlük iletişimleri sırasında karşıdakinin dikkati stomalarına doğru yöneldiği için yaptıklarını ifade etmektedir. Bu kişiler aynı zamanda görüntüde göze çarpan bir çirkinlik olarak da ifade ettikleri stomalarını saklayarak normal bir insandan farksız görünme çabası içindedirler. Stoma çevresini gizlemek fiziksel görünüşleriyle daha ilgili olduklarından dolayı genel olarak bayanlarda daha sık görülen bir durumdur. Bazı kişiler larenjektomili olmanın kişide ufak bir değişiklik yaptığını ancak bunu "reklam etmenin" doğru olmadığını düşündüklerini ifade etmektedir.

Her seçeneğin avantajları ve yansımaları mevcut olup; son seçim kişiye kalmıştır.

BÖLÜM 8
TRAKEOÖZOFAGEAL SES PROTEZİ

Ses protezi trakea (nefes borusu) ile özofagus (yemek borusu) arasında önceden cerrahi olarak açılmış deliğe yerleştirilen silikon bir protezdir. Akciğerden gelen havayı trakeadan özofagusa geçirerek konuşma organlarına havayı ulaştırır.

Ses protezi tipleri

Ses protezleri kulak burun boğaz hekimleri tarafından takılır. Bunlar yemek borusundan nefes borusuna kaçak yapmadıkları sürece aylarca kullanılabilmektedirler. Sızıntı olmasa bile ses protezlerinin 6 ay, en geç 1 yıl aralıklarla değiştirilmesi önerilir. Daha uzun süre kalan ses protezleri üzerinde mantar üremesi görülebilmekte, protez trakea (nefes borusu) ile özofagus (yemek borusu) arasında önceden açılmış delikte genişlemeye sebep olabilmektedir.

Protez yerinden çıkarsa ne yapılmalıdır?

Ses protezi tamamen çıkarsa trakea (nefes borusu) ile özofagus (yemek borusu) arasında önceden cerrahi olarak açılmış deliğin (fistül) kapanmaması için nazogastrik beslenme sondası hemen bu deliğe takılmalıdır. Bu delik saatler içinde kapanabileceğinden en yakın sağlık kuruluşuna veya Kulak Burun Boğaz hekimine başvurularak beslenme sondası takılması, deliğin açıklığının kapanmasını önleyerek yeni protez takılmasına olanak sağlayacaktır. Fistüle kısa süre içinde beslenme sondası yerleştirilmez ve fistül kapanırsa tekrar açılması için yeni bir operasyon gerekir.

Protezde kaçak olursa ne yapılmalıdır?

Yemek borusundan nefes borusuna ses protezinin ortasından tükürük veya sıvı gıda kaçağı olması halinde, ses protezi ile birlikte verilen temizleme fırçasıyla protezin lümeni (boşluğu) birkaç kez temizlenmelidir. Ses protezi kullananların bu temizleme fırçasını yanlarında taşımaları önerilir.

Protez kaçırması sebepleri

İki tip protez kaçağı vardır, biri protezin ortasındaki boşluktan kaçırma, diğeri protezin yanlarından olan sızmalardır.

Protezin içerisinden olan kaçaklar genellikle protezin boşluğundaki tek yönlü hareket eden valvin tam kapanamamasından kaynaklanır. Bu çeşitli sebeplere bağlı olabilir; valvin mantar türü mikroorganizmlar ile bozulmasından, valvin açık pozisyonda sıkışıp kalmasından, bir parça yemek, mukus veya kılın valve sıkışmasından, ya da protezin yemek borusu arka duvarı ile temasta olmasından kaynaklanabilir. Kaçınılmaz olarak tüm protezler aylar içinde mantar kolonizasyonu veya basit mekanik bozukluktan dolayı ortasından kaçırarak başarısız olacaktır.

Protez çevresinden kaçırma genellikle daha nadirdir; protezin içinde oturduğu trakea (nefes borusu) ile özofagus (yemek borusu) arasında önceden cerrahi olarak açılmış deliğin genişlemesinden veya protezi saramamasından kaynaklanır. Protez takılması esnasında bu delik genişleticiler ile genişletilir, sağlıklı dokuların esnekliğinden dolayı protez takılmasından sonra dokunun protezi sarması beklenir. Dokunun elastikiyet gösterememesi gastroözofageal reflüye, yetersiz beslenmeye, alkolizme, hipotiroidizme, lokal granülasyon dokularına, deliğin yanlış konumlandırılmasına, travmaya, radyoterapi veya kansere nedeniyle gelişen nekroza bağlı olabilir.

Protez çevresinden kaçırma protezin uzunluğunun delik uzunluğuna göre fazla olmasından da kaynaklanabilir, protezin tekrar ölçüm yapılarak uygun uzunlukta protez ile değiştirilmesinden 48 saat içinde kaçağın sonlanması gerekir. Eğer kaçak devam ediyorsa doku iyileşmesini geciktiren tıbbi problemler araştırılmalıdır. Protez çevresinden kaçağın diğer bir sebebi özofagusun (yemek borusu) daralmasıdır (striktür). Özofagus daralmasıyla yüksek yutma basıncı ile protez etrafından kaçak olabilmektedir.

Protez çevresinden kaçaklar için çeşitli tedavi seçenekleri denenebilir. Bunlar; protezin geçici olarak çıkarılarak küçük çapta sonda ile değiştirilerek delik daralmasına izin verilmesi, delik etrafına daraltıcı dikiş atılması, jel/kollajen enjeksiyonu, gümüş nitrat veya elektrokoter ile yakılması, daha büyük çapta protez takılması ve otolog yağ transplantasyonudur. Büyük çapta protez ile değiştirilmesi genellikle önerilmemekle birlikte büyük çapta protezin konuşma basıncını azaltmaya da katkısı olduğunu savunanlar vardır.

Tüm protez kaçakları yemek borusundan akciğere yemek kaçağı ile akciğer enfeksiyonlarına, ayrıca şiddetli öksürmeye bağlı fıtık türlerine neden olabilir. Kaçak olması halinde, fırçalama ve yıkama ile kaçak giderilemiyorsa protez değiştirilmelidir. Yine ses kalitesinde bozukluk olması halinde ve konuşmak için gereken basıncın artması halinde ses protezinin değiştirilmesi önerilir. Bu durum genellikle valv açılmasını zorlaştıran mantar oluşumu sonucunda görülür.

Protez kaçağının engellenmesi

Protez ortasındaki boşluğun (lümenin) günde en az iki kere veya her yemekten sonra temizlenmesi önerilir.

Düzenli ve uygun temizleme kaçak olmasını engelleyebilir.

1. Fırçayı kullanmadan önce bir kapta hazırlanan sıcak suya batırıp bir iki saniye bekletilmelidir.
2. Fırçayı protezin içine sokup (çok derin değil) cihazın içini temizlemek için bir kaç kez döndürülmelidir.
3. Fırça çıkarılıp sıcak suyla durulanmalı ve bu işlem fırça ile hiç parça gelmeyene kadar iki üç kez tekrarlanmalıdır. Fırça sıcak suya batırıldığından, fırçayı valvin ötesine derine iterek yemek borusunu hasar vermekden kaçınılmalıdır.
4. Protez üreticisi tarafından sağlanan hazne ile ılık su kullanılarak (sıcak su değil) iki kez protez yıkanmalıdır. Özofagusu hasarlandırmamak için ılık sudan bir yudum alarak çok sıcak olmadığı mutlaka kontrol edilmelidir. Ilık su kullanımı oda sıcaklığındaki sudan daha faydalı olmaktadır. Ilık su kurumuş olan salgıları ve mantarları uzaklaştırabilmektedir.

Kalıcı Ses Protezi Kaçağında Ne Yapılmalı?

Kaçak mukus salgısı, kıl veya yemek parçasının tam kapanmayı önleyecek şekilde valvi sıkıştırmasına bağlı olabilir. Ilık suyla protezin yıkanması ve fırçalanması bu tıkanıklığı ortadan kaldırarak kaçağa çözüm olabilir. Eğer kaçak protez takılmasından ilk üç gün içinde oluşursa, bozuk protezden veya protezin yanlış takılmasından meydana gelmiş olabilir. Mantar kolonizasyonu zaman alan bir süreçtir; yeni takıldığında protezde kaçak oluşması çoğunlukla başka sebeplerdendir. Protezin bir kaç kez döndürülmesi etrafta birikenlerin giderilmesine ve protezin oturmasına yardımcı olabilir. Buna rağmen kaçak devam ederse protez değiştirilmelidir.

Kaçak oluştuğunda protez değişimine kadar, sıvı alımı kaçağa rağmen kısıtlanmamalıdır. Kaçak yapma ihtimali az olan yoğun kıvamdaki sıvılar (muhallebi, yoğun kıvamlı çorba, yoğurt vs.) tüketilmelidir. Kahve gibi içecekler tüketilmemelidir. Protez değişimine kadar kaçağı engellemede işe yarama ihtimali olan diğer bir yöntem ise sıvıları katı gıda/yiyecek yutarmış gibi yutmaya çalışmaktır.

Ses Protezinin temizlenmesi

Ses protezi günde en az iki kez, tercihen her yemekten sonra temizlenmelidir. Protez üretici firma tarafından verilen fırça ile boşluğundan içeriye ileri geri itip çevrilerek en az iki kez fırçalanmalıdır. Her fırçalama sonrası fırça ılık suyla yıkanmalıdır.

Ses Protezinde Mantar Üremesinin Engellenmesi

Mantar üremesi ve protezin valvinin tam kapanmasını engellemesi protez kaçağının bir sebebi olmasına karşın, mantarların bu derece üremesi ve kolonize olması zaman almaktadır. Doktorunuz tarafından protez valvinin kapanmasını engelleyen mantar türleri araştırılabilir ve çıkarılan protezde mantar görüntüsü olup olmadığına bakılabilir.

Mikostatin (mantar ilacı) ile ses protezini yıkamak mantar kolonizasyonunu engellemek için kullanılabilmektedir. Mantar ilacının sadece mantardan şüphelenilerek başlanılması uygun değildir, ilaca dirençli mantar formlarının üremesine ve yan etkilere yol açabilir. Önleyici mantar tedavisi, diyabetiklerde, kemoterapi ve steroid kullananlarda, antibiyotik kullananlarda ve ağızda mantar üremesi kanıtlananlarda kullanılabilir.

Mantarların protezde üremesine engel olan bir kaç yöntem bulunmaktadır:

1. Yiyecek ve içeceklerle şeker tüketimini azaltılmalı, eğer tüketildiyse ardından dişler fırçalanmalıdır.
2. Her yemekten sonra ve yatmadan önce dişler fırçalanmalıdır.
3. Diyabetik hastalar (şeker hastaları) kan şekerlerini normal düzeyde tutmalıdırlar.
4. Ağızdan alındın mantar gargaraları kullanıldıktan 30 dakika sonra dişler fırçalanmalıdır. Bazı gargaralar şeker içermektedir.
5. Yatmadan önce protezin yıkama fırçasını mikostatin (mantar gargarası) dolu kaba batırarak protez içi fırçalanmalıdır. Kapta kalan solusyon atılmalıdır. Protezin içinde çok fazla mikostatin kalmamasına ve nefes borusunda kaçmamasına dikkat etmek önemlidir. Fırçalama sonrası birkaç sözcük konuşarak protezi kullanmak solusyonun protez içine gitmesini kolaylaştırır.
6. Probiyotikli yoğurtlar ve probiyotik preperatları tüketilmelidir. Lactobacillus acidophilus isimli bakteriyi içeren bu probiyotikler mantar/mantar kolonizasyonunu engellemede kesin etkileri gösterilmemekle birlikte kullanılabilir.
7. Dil üzerinde beyaz plaklar halinde mantar varsa dil üzeri nazikçe fırçalanmalıdır.
8. Mantar probleminin çözümünün ardından tekrar üremesini engellemek için diş fırçası değiştirilmelidir.
9. Protez fırçası temiz tutulmalıdır.

BÖLÜM 9
LARENJEKTOMİ SONRASI BESLENME, YUTMA VE KOKU ALMA DUYUSU

Larenjektomi sonrası beslenme, yutma fonksiyonları ve koku alma duyusu ameliyat öncesi ile aynı değildir. Radyoterapi çiğneme kaslarında fibrozise yol açabildiği için hastalarda tedavi sonrası ağız açıklığında kısıtlılık (trismus) ve buna bağlı beslenme zorluğu gelişebilir. Larenjektomi ve radyoterapi sonrası tükürük salınımında azalma, özafagusta daralma ve flep ile rekonstrüksiyon sonrasında yutak harekelerinde azalma, yutma ve dolayısıyla beslenme bozukluğuna yol açan diğer nedenlerdir. Ayrıca larenjektomi sonrası burun solunumu devre dışı bırakıldığı için larenjektomili hastalarda koku alma duyusunda da bozukluk gelişir.

Larenjektomi sonrası uygun beslenme düzenlenmesi:

Yutma zorluğu, tükürük miktarında azalma ve koku duyusunda bozukluk larenjektomi uygulanan hastalarda ömür boyu kalıcı beslenme bozukluğuna neden olabilir. Larenjektomili hastalar beslenme sırasında aldıkları besinleri yutabilmek için bol miktarda sıvı tüketimine ihtiyaç duyarlar. Bu da bir öğünde alınan besin miktarının azalmasına ve hastalarda sık aralıklarla beslenme ihtiyacına neden olur. Gün içerisinde tüketilen sıvı miktarındaki artış hastalarda gündüz ve gece idrara çıkma ihtiyacının artmasına, uyku düzeninin bozulmasına ve dolayısıyla sinirliliğe neden olabilir. Ayrıca bu durum kalp yetmezliği olan hastalarda ekstra sıvı yüklenmesi nedeni ile hastalığın şiddetlenmesine sebep olabilir. Midede uzun süre kalan besinlerin (proteinden zengin besinler) tüketimi larenjektomili hastalarda sıvı tüketiminin azalmasına ve sıvı yüklenmesine bağlı problemlerin önlemesine yardımcı olabilir.

Larenjektomili hastaların beslenme sırasında dikkat etmesi gereken hususlar:

- Fazla sıvı tüketiminden kaçınmak
- Karbonhidratlardan fakir, proteinlerden zengin diyet
- Uygun beslenme düzenlenmesi için diyetisyen yardımına başvurulması

Larenjektomili hastalarda yutma zorluğu yaratmayan, dengeli beslenme çok önemlidir. Kullanılan besinler karbonhidratlardan fakir ve proteinlerden zengin olmalı, yeterince vitamin ve mineralleri de içermelidir.

Farinks veya özofagusta tıkanıklık yaratan gıda nasıl çıkarılır?

Larenjektomi sonrası bazı hastalarda alınan besinin farinkste (yutak) veya özofagusta (yemek borusu) takılması ile karşılaşılabilir; bu durum yutmada zorluk oluşturabilir ve tekrarlayabilir.

Farinks ve özofagusta oluşan tıkanıklığın giderilmesi için kullanılan yöntemler:

1. Öncelikle paniklememeli, larenjektomi sırasında yemek borusu ile solunum yolunun tamamen ayrıldığını göz önünde bulundurarak boğulma ihtimalinin olmadığı hatırlanmalıdır.
2. Bir miktar sıvı içerek (tercihen ılık-sıcak olmalı) besinin aşağı itilmesine gayret etmek gerekir; sonuç olumsuz ise,
3. Hasta trakeoözofageal fistül ile konuşuyor ise konuşmaya çalışmalıdır. Bu yolla ses protezinden özofagusa giren hava tıkanıklığa yol açan besini iterek tıkanıklığı giderebilir. Hasta bu işlemi önce ayakta yapmalı, işe yaramaz ise lavaboya eğilerek konuşmaya çalışmalıdır.
4. Bu yöntem de işe yaramaz ise, öne eğilip ağzı göğüse yaklaştırarak karına elle basınç uygulamak gerekir; bu yöntemle mide içeriği yukarıya itilir ve tıkanıklık giderilir.

Bu yöntemler çoğu hastada işe yarar. Bazı hastalar boğaza masaj yaparak, bazıları birkaç dakika yürüyerek, bazıları yerinde oturup kalkarak, bazıları sırta vurarak, bazıları da aspiratör yardımı ile boğazda oluşan tıkanıklığı giderebilirler.

Saydığımız bu yöntemlerin hiç biri işe yaramaz ise hastaların acil servise veya KBB uzmanına başvurması gerekir.

Gastroözofageal reflü

Çoğu larenjektomili hastada gastroözofageal reflü hastalığına eğilim gelişmektedir. Normalde özofagusta gastroözofageal reflüyü önleyen iki adet sfinkter bulunur. Bunlardan bir tanesi alt düzeyde özafagus ile mide arasında, diğeri üst düzeyde larinks arkasında bulunur. Larenjektomi sonrası üst sfinkter ortadan kaldırıldığı için reflüyü sadece alt sfinkter önler. Mide hernisi bulunan hastalarda alt sfinkter yeterince fonksiyon görmez. Toplumda mide hernisinin sık görüldüğünü göz önünde bulundurursak, larenjektomili çoğu hastada ameliyat sonrası gastroözofageal reflü gelişimi kaçınılmazdır.

Gastroözofageal reflü semptomları ve tedavisi:

Gastroözofageal reflü semptomları:

- Göğüste yanma
- Ağızda acı ve ekşi tat hissi
- Mide ve göğüste ağrı
- Ses değişikliği veya boğaz ağrısı
- Larenjektomili hastalarda ses protezi etrafında granülasyon dokusu (iyileşme dokusu) gelişimi ve dolayısıyla ses protezinin kullanım süresinin kısalması ve konuşma problemleri

Gastroözofageal reflünün önlenmesi ve tedavisi:

- Kilo vermek (fazla kilolu kişiler için geçerlidir)
- Stresten uzak kalmak
- Gastroözofageal reflü semptomlarını arttıran besin kullanımından kaçınmak (kahve, çikolata, alkol, baharatlı ve acı gıdalar)
- Sigara kullanımı veya pasif içicilikten kaçınmak
- Az miktarda sık aralıklarla beslenmek
- Yemek yerken dik oturmak ve yemekten en erken 30-60 dakika sonra ayağa kalkmak
- Yemekten sonra en az üç saat yatar pozisyona geçmemek
- Yatağın baş tarafının 15-20cm daha yüksek olması veya uyurken bedeni (sırttan itibaren) 45° yükselten yastıklar kullanmak

- Mide asitliğini azaltan ilaç kullanımı için doktora başvurmak
- Aşağı eğilirken tüm vücudu eğmek yerine dizleri bükerek eğilmeyi tercih etmek

Gastroözofageal reflünün tedavisi için kullanılan ilaçlar.

Reflü semptomlarını azaltan 3 büyük grup ilaç mevcuttur:

1. Antiasitler
2. H_2 reseptör blokerleri
3. Proton pompa inhibitörleri

Antiasit ilaçların sıvı formu tablet formundan daha etkilidir. İlaçlar yemekten sonra ve yatmadan önce kullanılır. Etki süresi kısadır. H_2 reseptör blokerleri mide tarafından üretilen asit miktarını azaltarak etki ederler. Etkileri antiasitlerden daha uzun sürer. Proton pompa inhibitörleri gastroözofageal reflü tedavisinde en etkin ilaçlardır. Bu ilaçlar mide asit üretimini durdurarak etki ederler.

Larenjektomili hastalarda yemek sırasında konuşma zorluğu

Trakeo-özofegeal ses protezi yardımıyla konuşan larenjektomili hastalar yemek sırasında konuşma zorluğu yaşarlar. Larenjektomili hastalarda özofagus peristaltizmi azaldığı için gıdanın mideye geçiş süresi uzar. Bu nedenle yemek sırasında konuşma imkânsızlaşır veya "kabarcıklı" konuşma oluşur. Bunun nedeni ses protezinden geçen havanın aynı zamanda özofagusta bulunan besinlerden de geçmesidir. Besinlerin özofagustan geçiş süresini kısaltmak için az miktarda gıdanın bol sıvı ile yutulması gerekir. Ayrıca yemeği fazla çiğnemek de besinlerin özofagustan geçiş süresini kısaltmaya yardım eder. Larenjektomili hastalar zamanla yemek sırasında konuşmaya adapte olurlar.

Larenjektomili hastalarda yutma güçlüğü

Çoğu larenjektomili hasta ameliyat sonrası erken dönemde yutma problemi yaşar. Ameliyatın büyüklüğüne bağlı olarak bazı hastalar az az, sık öğünlerle beslenerek, beslenme sırasında fazla miktarda sıvı tüketerek ve çiğneme süresini uzun tutarak yutma güçlüğünü giderebilirken daha büyük cerrahi işlem yapılan bazı hastalar yutma bozukluğu ile ilgilenen doktorlardan yardım alma ihtiyacı duyarlar. İkinci grup hastalara genelde yutma egzersizleri önerilir.

Radyoterapi ve kemoterapi alan hastalarda yutma güçlüğü belirtileri daha da artar. Bu hastalarda beslenme bozukluğu gelişebilir.

Larenjektomili hastalarda yutma güçlüğüne yol açan faktörler şunlardır:

- Yutak kaslarının anormal fonksiyonu
- Yemek borusu üst sfinkter fonksiyonun yokluğu
- Dil kökünün hareket yeteneğinde azalma
- Dil kökünde "yalancı epiglot" olarak adlandırılan skar dokusunun gelişimi, gıdanın "yalancı epiglot" ile dil kökü arasında birikimi
- Larenjektomi sırasında hiyoid kemiğin çıkarılması sonucu çiğneme ve gıdanın farenkse itilmesinde zorluk
- Farinks veya özofagusta oluşan daralma sonucu gıdanın mideye geçişindeki zorluk
- Yemek borusunda cep oluşması ve alınan besinlerin bu cepte birikimi

Larenjektomi sonrasında hastalara 2-3 hafta yutma izni verilmez, hastalar beslenme sondası ile beslenir.

Yutma güçlüğünü azaltan yöntemler:

- Yavaş yavaş ve sabırla yemek
- Az az ve iyice çiğneyerek beslenmek
- Besini sıvı ile karıştırarak yutmak (sıcak sıvı alımı yutmayı kolaylaştırır)
- Çiğnenmesi zor olan besin alınımından kaçınmak

Yutma güçlüğünün tanısı için kullanılan testler.

- Baryumlu özefagografi
- Videofloroskopi
- Üst gastrointestinal endoskopi
- Fiberoptik nazofaringeal laringoskopi
- Özofageal manometri

Özofagusta daralma ve yutma güçlüğü:

Larenjektomi sonrası faringoözofagusta darlık gelişimi de yutma güçlü ve tıkanıklığa neden olabilir. Darlık gelişiminin nedeni radyoterapi veya özofagusun gergin kapatılması olabilir. Larenjektomi sonrası darlık gelişimini önlemek için kullanılan yöntemler şunlardır:

- Diyet ve postural değişiklikler
- Miyotomi (kasların kesilmesi)
- Özofagus dilatasyonu

Özofagus dilatasyonu:

Larenjektomi sonrası özofagusta daralma gelişirse sedasyon veya genel anestezi altında farklı boyutlardaki bujiler yardımı ile özofagusta dilatasyon işlemi gerekebilir. Bazı hastalarda özofagus dilatasyonu sağlamak için birkaç kez müdahale gerekebilir. Ayrıca bazı hastalarda balon kullanılarak veya daralma alanına steroid enjekte edilerek dilatasyon yapılabilir.

Botoks enjeksiyonu:

Botoks içeriği kaslarda paraliziye neden olan bir toksindir. Bu toksinin fazla miktarda kullanımı ölüme neden olabilirken, az miktarda kullanımı kaslarda geçici paraliziye neden olur. Larenjektomi sonrası seçilmiş hastalarda özofagusa botoks enjeksiyonu yutma ve konuşma güçlüğünün tedavisinde kullanılabilir. Botoks enjeksiyonu trakeo-özofageal protez ile konuşan hastalarda lokal özofagus spazmını engellemektedir. Özofagusta yer yer oluşan spazmı gidermekle yutma bozukluğunu da giderirken, özofagusta oluşan darlıklara etki etmez.

Larenjektomi sonrası koku duyusu:

Larenjektomili hastalarda burun solunumu devre dışı bırakıldığı için koku alma duyusunda bozukluk gelişir. Koku alma duyusunu yeniden kazanmak için larenjektomili hastalar "kibar esneme tekniği" kullanabilirler. Bu yöntemde hastalar ağzı kapalı esnemeye çalışırlar böylece ağızda vakum oluşur ve burundan geçen hava koku reseptörlerini uyararak koku alma duyusunun geri gelmesine yardım eder.

BÖLÜM 10
ÖNLEMLER: TAKİP, SİGARADAN KAÇINMA VE AŞILAMA

Kanserli hastalar için önleyici tıbbi işlemler ve diş bakımı çok önemlidir. Bazı kanserli bireyler başka önemli tıbbi sorunlara dikkati ihmal ederek sadece kanserlerine odaklanmaktadır. Oysa ki diğer tıbbi sorunları ihmal etmek sağlığı ve uzun yaşamı etkileyecek ciddi sonuçlara neden olmaktadır.

Larenjektomili ve baş-boyun kanserli hastalar için en önemli önleyici tedbirler şunlardır:

- Uygun diş bakımı
- Aile hekimi tarafından düzenli muayeneler
- KBB doktoru tarafından düzenli takip
- Uygun aşılama
- Sigarayı bırakma
- Özel teknikler kullanma (stoma irrigasyonu için steril su gibi)
- Yeterli beslenme

Aile Hekimi, İç Hastalıkları Uzmanı ve Diğer Uzmanlar Tarafından Takip

Kulak Burun Boğaz, radyasyon onkolojisi (radyoterapi alan hastalar için) ve tıbbi onkoloji (kemoterapi alan hastalar için) uzmanları tarafından düzenli takip çok önemlidir. Tanı, tedavi ve ameliyat sonrasında zaman geçtikçe takip sıklığı azalmaktadır. Bir çok KBB uzmanı ameliyattan sonraki 2 yıl içinde başlarda ayda bir, daha sonra 3 ayda bir takip önermektedir. Hastanın durumuna bağlı olarak bu takipler sonradan daha az sıklıkta olabilir. Yeni semptomlar ortaya çıktığında hastaların mutlaka doktora haber vermeleri gerekir.

Düzenli takipler, hastanın sağlığında herhangi bir yeni sorun çıktığında erken tespit ve tedavi edilmesini sağlar. Hekim, kanser tekrarlamasını saptamak için muayene eder. Sağlık kontrolüne tüm vücudun genel muayenesi ve boyun, boğaz, stomanın muayenesi dahildir. Olağan dışı alanları görmek için üst solunum yolunun muayenesi endoskop veya küçük aynalar yardımıyla yapılmaktadır. Gerekiyorsa görüntüleme ve diğer inceleme yöntemleri de istenebilir.

Grip Aşısı

Yaşından bağımsız olarak larenjektomili hastalar için grip aşısı çok önemlidir. Bu hastalarda gribin kontrol altına alınması zordur, bu nedenle aşılama çok gerekli bir önleme yöntemidir.

Grip aşısının 2 türü vardır:

1. Enjeksiyon şeklinde uygulanan grip aşısı: Kol bölgesine enjektörle uygulanan ve aktif olmayan aşı (ölü virüsler içermektedir). Grip iğnesi 6 yaşından büyük sağlıklı bireyler ve kronik tıbbi sorunları olanlar için uygundur.
2. Burun spreyi şeklinde grip aşısı: Gribe neden olmayan zayıflatılmış, canlı grip virüslerinden elde edilen aşıdır ve 2-49 yaş arası sağlıklı bireyler için uygundur.

Her yeni yıl grip için yeni aşı hazırlanmaktadır. Gribe neden olabilecek virüs türleri önceden tam olarak belirlenemese de, dünyanın bir yerinde yaygın gribe neden olan virüslerin diğer yerlerde de etkili olabileceği varsayımına dayanmaktadır. Aşılamadan önce aile hekimine danışılarak aşılamaya engel bir durumun olmadığı (yumurta allerjisi gibi) öğrenilmelidir.

Larenjektomili hastaların bir avantajı solunum yolu virüslerine daha az yakalanmalarıdır. Soğuk algınlığı virüsleri öncelikle burun ve boğazı enfekte eder, oradan akciğerler dahil vücudun diğer kısımlarına yayılırlar. Larenjektomili hastalar burunları ile solumadıkları için bu virüslerle enfekte olma olasılıkları da düşüktür.

Larenjektomili hastalar için yıllık grip aşısı yaptırmak, akciğerlere gidecek havayı filtre edecek ısı ve nem değiştirme aygıtı kullanmak, stomaya dokunmadan ve yemek yemeden önce ellerini yıkamak çok önemlidir. Unutulmamalıdır ki, grip virüsü eşyalara dokunmakla yayılabilen bir virüstür. Ses protezi kullanan ve dolayısıyla stomaya basarak konuşma ihtiyacı duyan larenjektomili hastaların virüsü direk akciğerlere verme riski artmış durumdadır. Elleri yıkama ve cilt temizleyicisi kullanma virüsün yayılma riskini önler.

Ayrıca larenjektomili hastaların ve diğer boyundan nefes alanların pnömoninin önemli nedeni olan pnömokok bakterisine karşı aşılanması önerilir.

Alkol ve Sigaradan Kaçınma

Baş boyun kanserli hastaların sigarayı bırakması zorunludur. Sigara baş boyun kanseri ve tekrarlaması için büyük risk faktörüdür. Sigara içimi ile birlikte alkol kullanımı bu riski daha da artırır. Sigara kanser prognozunu da etkiler. Sigara ve içki kullanmaya devam eden larenks kanserli hastaların iyileşme olasılığı azalmakta, ikinci bir tümörün gelişme olasılığı da artmaktadır. Işın tedavisi sırasında ve ondan sonra sigara içmeye devam eden kişilerde mukoza reaksiyonlarının şiddeti ve süresi artar, ağız kuruluğu daha kötüleşir ve başarılı tedavi sonuçları riske girer.

BÖLÜM 11
PSİKOLOJİK KONULAR

DEPRESYON, İNTİHAR, BELİRSİZLİK, TANI PAYLAŞIMI, BAKIM VE DESTEK

Baş ve boyun kanserleri tanısı ile ameliyat olup hayatta kalanlar sosyal, kişisel veya psikolojik problemlerle karşılaşabilirler. Bunun nedeni baş-boyun bölgesinin nefes alma, yemek yeme, iletişim kurma, sosyal etkileşimde bulunma gibi temel insancıl ihtiyaçların karşılanmasının sağlanmasında aldığı roldür. Bu konuları anlama ve tedavi etme diğer tıbbi konular kadar önemlidir.

Akademisyenler kanser hastalarında hemen her gün, her saat, her dakika değişebilen his ve duyguların olduğunu ve çok ağır psikolojik bunalımların olabileceğini belirtmişlerdir. Bunlardan bazıları:

1. İnkar
2. Öfke
3. Korku
4. Stres
5. Endişe
6. Hüzün
7. Suçluluk
8. Yalnızlık olarak tanımlanabilir.

Gırtlak ameliyatı olan hastaların karşılaşabildiği psikolojik ve sosyal problemler ise:

1. Depresyon

2. Anksiyete ve tekrarlayan öfke
3. Sosyal izolasyon
4. Madde bağımlılığı
5. Dış görünüm duyarlılığı
6. Cinsel hayat
7. İşe dönüş
8. Arkadaşları ve ailesiyle olan iletişim
9. Ekonomik sorunlar şeklinde sıralanabilir

Depresyon ile başa çıkma

Kanserli bazı hastalar hüzünlü, ya da depresif olma eğilimindedirler. Bu aslında ciddi bir hastalığa karşı verilen normal bir cevaptır. Depresyon kanserli hastaların yüzleştiği en zor durumlardan biridir. Ne yazık ki sosyal etiketlenme bu durumu daha da zor hale getirmekte ve tedavi görülmesini engellemektedir.

Depresyonun belirtileri;

1. Umutsuzluk, çaresizlik hissi ya da hayatın anlamı olmadığını düşünme
2. Aile ya da arkadaşlarıyla beraberken zevk alamama
3. Yapılan aktivitelerden, hobilerden zevk alamama
4. İştah kaybı ya da yediklerinden zevk alamama
5. Uzun süre ya da günde birkaç kez ağlama
6. Uyku problemleri, az ya da çok uyuma
7. Vücudun enerji düzeyindeki değişiklikler
8. Ölümü düşünmek, intihar planları yapmak ya da uygulamak.

Kanser tanılı gırtlak ameliyatı olmuş hastaların depresyonla başa çıkabilmeleri güçtür. Hastaların konuşamaması ya da konuşurken zorlanması duygularını açığa çıkarmalarını daha da zorlaştırır ve bu da yalnız kalmalarına yol açabilir.

Depresyonla başa çıkma ve üstesinden gelme iyileşmenin kolaylaşması, daha uzun ve kaliteli bir hayat yaşanması için çok önemlidir. Düşünceler ile vücut arasında bağlantılar vardır. Tam olarak nasıl olduğu anlaşılamasa da depresyonda olmayan hastaların daha hızlı iyileştiği, daha uzun yaşadığı ve daha kaliteli yaşam tarzlarının olduğu gösterilmiştir.

İnsanlar olumsuz durumları öğrendikten sonra kafalarında bazı sorular oluşur. Örneğin "Neden ben?", "Doğru olabilir mi?" gibi. Gırtlak ameliyatı olan her hasta belli düşünce süreçlerinden geçer. Öncelikle inkar ve yalnızlık, sonra öfke, ardından depresyon ve sonunda da kabullenme gelir. Bazı hastalar bu aşamaların bazılarında (öfke, depresyon gibi) takılır. Bu durumda aile veya arkadaşların hastayı anlama ve yardım etmede profesyonelce davranmaları gerekir.

Hastalar bazen hayatlarında ilk defa sonlarıyla yüzleşmek zorundadırlar; bu durumda hastalıkla başa çıkmakta zorlanırlar. Bunun aksine kanser tanısını öğrendikten sonra oluşan depresif hisler bazı hastalarda bu yeni gerçeği kabul etmelerini kolaylaştırır; belirsiz bir geleceği artık dert etmemek onlara daha kolay gelir ve "Artık hiçbir şey umurumda değil" şeklindeki düşünceler gelişebilir. Ancak bu durum geçici olacağı için hayat kalitesinde hızlı bir çökkünlük başlayabilir.

Depresyonun üstesinden gelme

Hasta umutla depresyonuyla savaşmak için güç bulabilir. Gırtlak ameliyatı olan bireyler bu ameliyatın sonuçlarından kaynaklanan yapmaları gereken işler ve gerçeklerden boğulmuş gibi hissedebilirler. Ayrıca ses ve ekonomik kayıpları için bir yas dönemi de yaşarlar. Hastalar normal konuşamayacağı gerçeğini de kabul etmek zorundadırlar. Hastalar depresyonla yaşamak ya da normal hayata dönmek konusunda tereddüte de düşebilirler. Depresyon tedavi edilebilir ve bu konuda yeni araştırmalar da devam etmektedir.

Gırtlak ameliyatı olmuş hastalar için depresyonla baş çıkabilmenin bazı yolları şunlardır:

1. Madde bağımlılığından kaçının
2. Yardım edilmesine izin verin
3. Diğer tıbbi nedenleri ortadan kaldırın (hipotiroidi, ilaç yan etkileri gibi)
4. Aktif olduğunuzu düşünün
5. Stresinizi azaltın
6. Diğerlerine örnek olun
7. Eski aktivitelerinize devam edin

8. Antidepresan tedavi kullanmayı düşünün
9. Aileniz, arkadaşlarınız, diğer hastalar ve destek gruplarının yardımlarını alın

Ruhunuzu yenileyecek bazı öneriler:

1. Boş zamanlarınızı değerlendirecek aktiviteler geliştirin
2. Arkadaşlıklar kurun
3. Fiziksel aktivite yapın
4. Aile ve arkadaşlarınızla vakit geçirin
5. Gönüllü işlere katılın
6. Amaca yönelik projeler bulun
7. Dinlenin

Aile üyeleri ve arkadaşların desteği çok önemlidir. Sürekli ilgi ve ailenizin katkısı sizi canlandırabilir. Size güç verecek diğer bir durum ise çocuklarınız ve torunlarınız ile eğlenmeniz, iletişim kurmanızdır. Çocuklarınız ve torunlarınız karşısında sıkıcı ve itici olarak değil, onlara depresyonla savaşarak ve zorluklara karşı çıkarak örnek olabilirsiniz. Eski aktiviteleri cerrahiden öncesi gibi yapmaya çalışmak yaşamınızın sürekli bir amacı olabilir. Gırtlak ameliyatı olan hastalarla aktivitelerde bulunmak, arkadaşlıklar kurmak, tavsiye almak sizin için iyi bir kaynak olabilir. Mental sağlık üzerine profesyonelleşmiş psikiyatrist, psikolog veya sosyal hizmet uzmanlarından alınacak yardım da yararlı olabilir. Ayrıca konuşma üzerine alınacak terapiler de çok önemlidir. Böylece konuşma ve iletişim problemleriniz hakkında konuşabilir ve daha iyi hissetmeniz sağlanabilir.

Baş boyun kanserli hastalarda intihar

Yapılan çalışmalara göre kanserli hastalarda intihar oranı diğer insanlara göre iki kat artmış durumdadır. Bu çalışmalar depresyon ve intihara eğilimin hemen tanınıp tedavi edilmesi gerektiğine işaret etmektedir. Birçok çalışma kanser hastalarında depresif duygu bozukluklarının intihar ile ilişkili olduğunu göstermiştir. İntihar oranının yapılan çalışmalarda tanıdan sonra ilk 5 yılda en fazla olduğu gösterilmiştir. İntihar oranları kadınlarda, beyaz ırkda ve evli olmayanlarda daha fazladır. Erkeklerde yaş arttıkça intihar oranının da arttığı görülmüştür. İntihar oranları kanser türüne göre de değişmektedir. Akciğer, mide, baş-boyun, gırtlak kanserleri de en fazla intiharın görüldüğü kanserlerdir. Gırtlak kanserlerinde intiharın yüksek oranda görülmesi normal yaşamı eskisi gibi sürdürülememekten kaynaklanıyor olabilir.

Belirsiz gelecekle başa çıkma

Kanser tanısı alan biri başarılı bir tedavinin ardından tamamen eski normal hayatına dönmesi zordur. Bazı hastalar gelecek konusunda daha umutlu ve mutludur. Hastalar her an kanserin geri dönebileceğini kabul etmek zorundadırlar ve düzenli muayeneler bunu erken yakalamanın en etkili yoludur.

Özellikle gırtlak ameliyatlarından sonra tanıyı çevreden saklamak çoğunlukla mümkün değildir. Aile ve arkadaşlarla bütün bilgileri paylaşmak belirsizliklerle çıkabilmenin en iyi yoludur. Böylece çevre hastaya daha fazla yardım edebilmekte ve zor anlarında yanında olabilmektedir. Böylece hastalar zayıflık ve suçluluk psikolojisi içerisine girmezler.

Kanserli hastanın bakımı

Baş boyun bölgesi gibi ciddi hastalığa sahip bir hastanın bakıcısı olmak gerçekten zordur; fiziksel ve duygusal olarak çok güçlü olmayı gerektiren bir durumdur. Bakıcılar takdir edilmeseler bile yaptıkları işin çok önemli olduğunu kavramalıdırlar.

Hastanın yakınları aynı zamanda hastanın olası ölümü konusunda da kaygılanırlar. Bu durum onlarda da depresyona yol açabilir. Bakıcılar hastanın özel ihtiyaçları için çok fazla fedakarlık göstermekte olup hayatlarını hastaya göre ayarlamak durumunda kalmaktadırlar. Ayrıca hastanın öfke, depresyon, anksiyete gibi duygularını da paylaşmaktadırlar. Bakıcılar çoğunlukla kendi hislerini de saklamak zorunda kalırlar. Bu yüzden hasta ile bakıcısının duygularını, endişelerini birbirine dürüstçe söylemesi çok önemlidir. Bu başarılamıyorsa bakıcının psikolojik destek alması yararlı olabilir.

Sosyal ve duygusal destek kaynakları

Gırtlak ya da herhangi bir baş boyun kanseri, kişilerin yaşamını ciddi şekilde değiştirmekte ve kısıtlı bir hale getirmektedir. Bu değişiklikleri yüklenmek zor olabilir. Hastalığın sosyal ve psikolojik izleriyle başa çıkmak ancak karşılıklı yardımlaşmayla daha iyi hale gelebilir. Ailenin bütün dikkati, endişesi, günlük aktivitesi de hasta üzerindedir. Bu yüzden diğer gırtlak kanserli hastalara ulaşmak, yakın çevrede varsa hasta gruplarına katılmak çok yararlı olabilir. Bu hem ailenin yükünü azaltacak, hem hastalar arası iletişimi sağlayacak, hem de hastaların birbirlerine örnek olmasını sağlayacaktır.

Destek kaynakları şunlar olabilir:

1. Sağlık ekipleri (hemşireler, konuşma terapistleri, psikiyatristler) tedavi, çalışma ve diğer aktiviteler konusunda yardımcı olup sorularınızı yanıtlayabilirler
2. Sosyal hizmet uzmanları, din görevlileri duygularınızı ve hislerinizi paylaşmanızda yardımcı olabilir
3. Diğer gırtlak kanserlerinden oluşan gruplar hem hastalara hem de ailelerin iletişimi ve yardımlaşması açısından yararlı olabilir

Gırtlak ameliyatı olmanın faydaları:

1. Horlama olmaz
2. Kravat takmamak için geçerli bir bahanedir
3. Rahatsız edici kötü kokuları almazsınız
4. Daha az soğuk algınlığı yaşarsınız
5. Akciğerlere aspirasyon riski daha azdır
6. Acil durumda entübasyon daha kolaydır

BÖLÜM 12
BİR LARENJEKTOMİLİ OLARAK YOLCULUK

Larenjektomili olarak yolculuk yakmak zordur. Hasta kendini, yolculuk sırasında normal rutininden ve alıştığı düzenden uzaklaştıran, rahat olmayan bir ortamda bulur. Larenjektomililer bakıma uygun olmayan yerlerde hava yollarıyla ilgilenmek zorunda kalabilirler. Yola çıkmadan önce gerekli malzemeler için önceden hazırlık yapılmalıdır. Yolculuk sırasında hastanın havayoluyla ve diğer tıbbi sorunlarıyla ilgilenmeye devam etmesi önemlidir.

Uçuş sırasında hava yoluyla ilgilenmek

Uçmak (özellikle uzun yolculuklarda) birçok sorunu beraberinde getirmektedir. Birçok faktör derin ven trombozuna (DVT) neden olabilmektedir; bunlar su kaybı (yüksek irtifada kabin içi düşük nem oranına bağlı), uçak içindeki düşük oksijen basıncı ve yolcunun uzun süre hareketsiz kalmasıdır. Bunun sonucunda bacaklarda kan pıhtısı meydana gelebilir. Bu kan pıhtısı yerinden ayrılıp kan dolaşımına karışıp akciğerlere ulaşarak akciğer embolisine yol açabilir. Bu ciddi bir komplikasyondur ve acil tıbbi müdahale gerektirir. Aynı zamanda düşük hava nemi trakeayı kurutarak balgam tıkaçlarına yol açabilir. Havayolu çalışanları genel olarak larenjektomili hastalara nasıl hava sağlanacağını bilmemektedir. Nefes problemi yaşayan larenjektomili hastaya hava veya oksiyen, ağız veya burundan değil ameliyatla boyun cildine açılan delikten verilmelidir.

Olası sorunlardan korunmak için aşağıdakiler uygulanmalıdır:

- Uçakla yolculuk boyunca her iki saatte bir, en az 200 ml su tüketilmelidir.
- Alkol ve kafeinden su kaybettirdikleri için uzak durulmalıdır
- Bol kıyafetler giyilmelidir
- Otururken ayaklara giden kan akışını kesebileceğinden bacak bacak üstüne atmaktan kaçınılmalıdır
- Yolculuk süresince varis çorabı giyilmelidir
- Yüksek risk varsa, kan pıhtısı oluşumunu önlemek için hasta uçmadan önce aspirin almak için doktoruna danışmalıdır
- Uçuş süresince bacak egzersizleri yapılmalı ve olanak bulunduğunda yürünmelidir
- Daha geniş bacak mesafesi sağlayacak koltuklardan yer ayırtılmalıdır
- Uçuş sırasında gürültü konuşmayı zorlaştırırsa havayolu çalışanlarıyla yazarak anlaşılmalıdır
- Ağız bakımı için gerekli malzemeler ulaşılabilir yerde tutulmalıdır
- Stoma nem sağlaması için ıslak bir bez ile kapatılmalıdır
- Kişi larenjektomili olduğu konusunda uçuş görevlilerini bilgilendirmelidir

Yolculuk sırasında hangi malzemeler bulundurulmalıdır?

Havayolu için gerekli eşyalar ve ilaçlar bir çanta içerisinde yolculuk süresince kişinin yanında bulundurulmalıdır. Çanta bagaja verilmemelidir ve kolayca ulaşılabilecek yakınlıkta bulundurulmalıdır.

Çantanın içinde bulunması önerilen eşyalar:

- Kişinin düzenli olarak kullandığı ilaçların ve tıbbi tanılarının özeti

- Kişinin yakınlarının isim ve iletişim bilgileri
- Sağlık sigortası bilgileri
- Kullanılan ilaçlar
- Kağıt mendiller
- Cımbız, ayna ve el feneri (yedek pillerle),
- Tansiyon aleti (yüksek tansiyonu olanlar için),
- HME (ısı ve nem değiştirici) ve yerleştirmek için gerekli malzemeler (alkol, yapıştırıcı)
- Ses protezi kullananların bile elektrolarenks taşıması (yedek pil ile) yararlı olabilmektedir

Ses protezi kullananlar yanlarında şunları da bulundurmalıdır:

- Trakeoözofageal ses protezini temizlemek için fırça ve damlalık
- Yedek HME ve yedek ses protezi
- Kırmızı Foley sonda (Ses protezinin yerinden oynaması halinde ses protezinin deliğine yerleştirmek için

Bu malzemelerin miktarı yapılacak olan yolculuğun uzunluğuna bağlıdır. Yolculuk yapılan yerdeki sağlık ekibinin iletişim bilgilerini taşımak yararlı olabilmektedir.

www.ingramcontent.com/pod-product-compliance
Lightning Source LLC
Chambersburg PA
CBHW031507210526
45463CB00003B/1124